L'enjeu du
pétrole

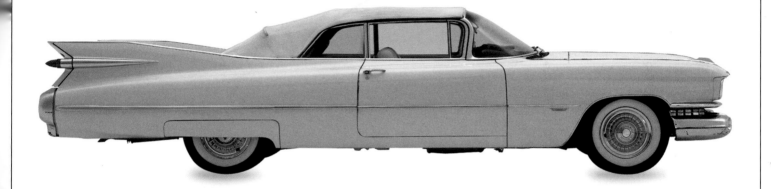

Moteur à combustion interne

Détergent contenant
des produits pétrochimiques

Lampe à huile romaine

Poids lourd à propulsion Diesel

Molécule
de polyéthylène
(plastique)

Panier d'emballages
recyclables

Fougère
fossilisée
dans du charbon

Trépan

L'enjeu du
pétrole

par

John Farndon

Réchaud de camping fonctionnant
au butane, dérivé du gaz naturel

Plate-forme pétrolière offshore

LES YEUX DE LA DÉCOUVERTE
GALLIMARD JEUNESSE

Navire méthanier

Lampe à pétrole

COMMENT ACCÉDER
AU SITE INTERNET DU LIVRE

1 - SE CONNECTER
Tapez l'adresse du site dans votre navigateur puis laissez-vous guider jusqu'au livre qui vous intéresse :
http://www.decouvertes-gallimard-jeunesse.fr/9+

2 - CHOISIR UN MOT CLÉ DANS LE LIVRE
ET LE SAISIR SUR LE SITE
Vous ne pouvez utiliser que les mots clés du livre (inscrits dans les puces grises) pour faire une recherche.

3 - CLIQUER SUR LE LIEN CHOISI
Pour chaque mot clé du livre, une sélection de liens Internet vous est proposée par notre site.

4 - TÉLÉCHARGER DES IMAGES :
Une galerie de photos est accessible sur notre site pour ce livre. Vous pouvez y télécharger des images libres de droits pour un usage personnel et non commercial.

IMPORTANT :
• Demandez toujours la permission à un adulte avant de vous connecter au réseau Internet.
• Ne donnez jamais d'informations sur vous.
• Ne donnez jamais rendez-vous à quelqu'un que vous avez rencontré sur Internet.
• Si un site vous demande de vous inscrire avec votre nom et votre adresse e-mail, demandez d'abord la permission à un adulte.
• Ne répondez jamais aux messages d'un inconnu, parlez-en à un adulte.

NOTE AUX PARENTS : Gallimard Jeunesse vérifie et met à jour régulièrement les liens sélectionnés, leur contenu peut cependant changer. Gallimard Jeunesse ne peut être tenu pour responsable que du contenu de son propre site. Nous recommandons que les enfants utilisent Internet en présence d'un adulte, ne fréquentent pas les chats et utilisent un ordinateur équipé d'un filtre pour éviter les sites non recommandables.

Jouets
en plastique

Pétrole flottant
sur de l'eau

Collection créée par Pierre Marchand et Peter Kindersley

ISBN 978-2-07-061178-2
© Dorling Kindersley Limited, Londres, 2007
Edition originale parue sous le titre :
Eyewitness guide Oil
© Éditions Gallimard, Paris, 2007, pour l'édition française
Loi n° 49-956 du 16 juillet 1949
sur les publications destinées à la jeunesse
Dépôt légal: octobre 2007
N° d'édition: 148257
Imprimé en Chine par Toppan
Printing Co., (Shenzen) Ltd

Magazines imprimés avec
des encres à base de pétrole

Turbine éolienne
vue en coupe

SOMMAIRE

Camion vibrateur

LE DIEU PÉTROLE

L'homme se sert du pétrole depuis des milliers d'années mais il a commencé à l'utiliser en grande quantité au siècle dernier. Ainsi, la consommation quotidienne aux États-Unis est passée de quelques dizaines de milliers de barils en 1900 à plus de 21 millions de barils en 2000 : plus de 3,3 milliards de litres par jour ! Le pétrole est en effet notre plus importante source d'énergie, fournissant le combustible de la plupart de nos moyens de transport et une partie de la chaleur servant à produire l'électricité. C'est aussi la matière première à partir de laquelle sont fabriqués de nombreux matériaux, tels que les plastiques. Mais nous sommes aujourd'hui confrontés à un défi car les réserves mondiales de pétrole sont en train de s'épuiser et nous savons désormais que leur usage a des conséquences importantes sur l'environnement.

LE MARCHÉ DU PÉTROLE

Dans les pays développés, les gens ont aujourd'hui accès à une variété d'aliments plus diversifiée que jamais, en grande partie grâce au pétrole. Celui-ci propulse les avions, les bateaux et les poids lourds qui apportent les produits de consommation vers les boutiques du monde entier. Il alimente aussi les automobiles grâce auxquelles nous allons faire les courses au supermarché. Et il fournit les emballages plastique et l'énergie pour la réfrigération des denrées périssables.

DE L'ÉNERGIE LIQUIDE

Le pétrole liquide non raffiné – appelé pétrole brut – présente un aspect anodin mais c'est une forme d'énergie très concentrée. Un baril – soit 159 litres – de pétrole brut, suffit à porter à ébullition 2 700 litres d'eau.

Les gros camions citernes transportent 15 000 à 30 000 litres de pétrole, voire plus.

La robuste coque en polycarbonate protège les pièces électroniques internes.

LE PÉTROLE À L'ÈRE DE L'INFORMATIQUE

La coque en polycarbonate d'un ordinateur portable a un aspect bien éloigné du pétrole brut mais, sans ce dernier, elle n'existerait pas car c'est à partir de celui-ci qu'elle est fabriquée. Le pétrole fournit également l'énergie servant à produire la plupart de ses pièces internes. Et il peut encore fournir l'électricité servant à charger ses batteries.

LA LIBERTÉ DE MOUVEMENT

L'essence produite à partir du pétrole brut alimente les automobiles qui nous permettent de nous déplacer aujourd'hui avec une vitesse et une facilité jadis impossibles. Pour aller travailler tous les jours, beaucoup de gens franchissent des distances qui nécessitaient autrefois des journées de cheval. Mais avec plus de 600 millions de véhicules à moteur dans le monde – dont le nombre ne cesse d'augmenter –, la quantité de pétrole brûlée atteint aujourd'hui le chiffre effarant de près d'un milliard de barils par mois.

UN PRODUIT OMNIPRÉSENT

Le pétrole est présent derrière la moindre de nos activités. Ainsi, la pratique du skate-board, par exemple, n'a véritablement décollé qu'avec le développement des roues fabriquées dans un plastique à base de pétrole appelé polyuréthane, qui est à la fois lisse et résistant. Mais ce n'est pas tout ! Un autre plastique, le polystyrène expansé, fournit le matériau qui garnit les casques. Celui-ci s'écrase facilement pour absorber l'impact d'un choc. Un troisième plastique à base de pétrole, le polyéthylène de haute densité (ou PE-HD), sert à fabriquer les protections pour les coudes et les genoux.

Casque en polystyrène expansé, absorbeur de chocs

Vue satellite de l'Asie la nuit

Genouillère en PE-HD

Roues lisses et résistantes en polyuréthane

Citerne en aluminium

DES ÉCLAIRAGES PERMANENTS

Vues la nuit depuis l'espace, les grandes villes du monde scintillent dans l'obscurité comme des étoiles dans le ciel. L'éclairage de nos agglomérations n'est possible que grâce à la consommation d'énormes quantités d'énergie, dont la majeure partie est fournie par le pétrole. Cet éclairage rend nos villes plus sûres et permet également à des activités essentielles de se poursuivre la nuit.

@ ▶▶

Pétrole

Blé

LE PÉTROLE ET L'AGRICULTURE

L'agriculture des pays développés a été transformée par le pétrole. Les tracteurs et les moissonneuses ont considérablement réduit la part de force humaine nécessaire au travail de la terre. Et grâce aux avions épandeurs, une seule personne peut traiter de vastes surfaces avec des pesticides et des herbicides en quelques minutes. En outre, les produits de traitement eux-mêmes, qui augmentent la productivité, peuvent être fabriqués à base de produits chimiques dérivés du pétrole.

LE TRANSPORT DU PÉTROLE

Pour fournir tous les secteurs d'activité de l'homme, d'énormes quantités de pétrole – des millions de barils – doivent être transportées tous les jours dans le monde. Une partie voyage par mer dans des supertankers, une autre circule dans des oléoducs. Mais la plupart des stations-service sont alimentées par des camions citernes comme celui-ci. Sans ces véhicules pour fournir en permanence nos automobiles, le trafic de tous les pays s'arrêterait en l'espace de quelques jours.

COÛTEUX LOISIRS

Il y a seulement un siècle, pour la plupart des gens, les séjours les plus lointains se résumaient à de brefs voyages par le train. De nos jours, des millions de personnes franchissent d'énormes distances, parcourant parfois la moitié du monde pour de simples vacances de quelques semaines ou moins. Mais comme les poids lourds et les automobiles, les avions sont propulsés par le pétrole et la quantité qu'ils consomment ne cesse d'augmenter.

UNE HISTOIRE TRÈS ANCIENNE

Au Moyen-Orient, le pétrole, abondant dans le sous-sol, affleure à la surface de la terre en de nombreux endroits sous la forme d'étendues et de blocs noirs et visqueux. L'homme découvrit très tôt des usages à cette substance appelée bitume. Les chasseurs de l'âge de pierre s'en servaient pour coller les pointes de leurs flèches. Il y a 6 500 ans au moins, les peuples de Mésopotamie (actuel Irak) en ajoutaient dans les briques et le ciment avec lesquels ils construisaient leurs habitations pour en assurer l'étanchéité. Très vite, les usages du bitume se multiplièrent ; on s'en servait pour étancher les réservoirs d'eau comme pour coller les pots cassés. À l'époque babylonienne, un important marché de l'« or noir » existait déjà dans tout le Moyen-Orient et des villes entières étaient littéralement bâties en bitume.

Bambou

Forage chinois en bambou

LES PREMIERS FORAGES
Le pétrole antique ne provenait pas toujours de la surface. Il y a plus de 2 000 ans, dans le Sichuan, les Chinois effectuèrent les premiers forages à l'aide de tiges de bambou munies de têtes de fer pour capter la saumure (eau salée) présente dans le sous-sol. Ils en extrayaient le sel à des fins médicinales et pour conserver la nourrriture. En forant très profond, ils trouvèrent non seulement de la saumure mais aussi du pétrole et du gaz naturel. On ne sait si les Chinois firent usage du pétrole, mais le gaz était brûlé sous de grandes poêles contenant la saumure pour récupérer le sel.

UNE TECHNIQUE TRÈS ANCIENNE
Il y a environ 6 000 ans, durant la période d'Obeïd, les peuples des régions marécageuses de l'actuel Irak découvrirent les qualités imperméabilisantes du bitume. Ils en enduisaient leurs embarcations de roseaux pour empêcher l'eau de les traverser. L'idée fut finalement adoptée pour la construction des bateaux en bois dans le monde entier. Appelée calfatage, cette méthode fut employée jusqu'à l'apparition des coques modernes en métaux et en fibres de verre.

@▶▶
Histoire

Peinture médiévale représentant un bateau de pêche grec

Planches calfatées au bitume

LA RICHESSE DE BABYLONE

Les grandes constructions de l'antique cité de Babylone faisaient appel au bitume. Pour le roi Nabuchodonosor II (règne : 604-562 av. J.-C.), il constituait le plus important matériau du monde. Signe ostensible des aboutissements technologiques atteints sous son règne, il était employé dans tous les domaines de la construction, depuis les bassins jusque dans le mortier pour assembler les briques. Le bitume jouait manifestement un rôle essentiel dans les fameux Jardins suspendus de Babylone – spectaculaire série de terrasses richement garnies d'arbres et de fleurs –, où il servait probablement à étancher les bacs contenant les végétaux et les canalisations qui apportaient l'eau.

Arc porté
sur l'épaule

Carquois
portant
les flèches

Etoffe enduite
de pétrole autour
de la pointe

DES FLÈCHES DE FEU

Les premiers usages du bitume ne s'intéressaient qu'à sa forme la plus épaisse et la plus visqueuse, idéale pour coller et imperméabiliser. Elle était appelée *iddu*, d'après le nom de la cité de Hit (ou Id dans l'Irak actuel) où existaient des sources de bitume. Une forme plus fluide, appelée *naft* en arabe (qui donnera le mot moderne « naphtaline ») était trop inflammable pour être d'un emploi pratique. Vers le VIe siècle av. J.-C., les Perses comprirent que celle-ci pouvait constituer une arme redoutable. Les archers en enduisaient les pointes de leurs flèches pour lancer des projectiles enflammés vers leurs ennemis. Beaucoup plus tard, au VIe siècle de notre ère, la marine byzantine perfectionna le procédé en inventant les feux grégeois, des bombes incendiaires fabriquées avec un mélange de bitume, de soufre et de chaux vive.

Frise représentant
un archer persan
(510 av. J.-C.)

L'ART DE L'EMBAUMEMENT

Les Egyptiens de l'Antiquité momifiaient leurs morts en les enduisant d'un mélange de substances chimiques telles que du sel, de la cire d'abeille, de la résine de cèdre et du bitume. D'ailleurs, le terme « momie » pourrait dériver du nom du mont Moumya, en Perse, où l'on trouvait du bitume. Jusqu'à une date récente, toutefois, les chercheurs croyaient que le bitume n'était jamais employé en momification. Aujourd'hui, les analyses chimiques ont montré que les Egyptiens employèrent effectivement du bitume, mais seulement durant la période ptolémaïque (323-30 av. J.-C.), la plus récente. Le bitume était transporté par bateaux vers l'Egypte depuis la mer Morte, où on le trouvait flottant sur l'eau.

Tête momifiée

L'INCENDIE DE CARTHAGE

Le bitume est très inflammable, mais c'est un adhésif puissant et ses propriétés imperméabilisantes sont telles qu'il était souvent employé sur les toitures des villes antiques telles que Carthage. Située sur la côte d'Afrique du Nord, à l'emplacement de l'actuelle Tunis, Carthage, à son apogée, était devenue si puissante qu'elle défiait Rome. Sous le règne du grand conquérant Hannibal, les Carthaginois envahirent même l'Italie. Mais Rome se releva et attaqua Carthage en 146 av. J.-C. Le bitume des toitures favorisa la propagation des flammes quand les Romains incendièrent la cité, et entraîna sa destruction totale.

Le siège de Carthage

Pièce de monnaie carthaginoise en argent

UN ACCUEIL BRÛLANT

Selon une idée répandue, dans les châteaux assiégés du Moyen Âge, l'une des manières de repousser les assaillants consistait à les asperger d'huile bouillante du haut des murailles. Les premiers connus pour avoir utilisé cette technique sont les Juifs défendant la cité de Jotapata contre les Romains, en l'an 67. L'idée fut reprise plus tard dans les châteaux-forts médiévaux. Toutefois, il est probable que l'on utilisait plus souvent de l'eau bouillante que de l'huile car ce produit, issu du pétrole, était très coûteux.

DANS LA LUMIÈRE DU PÉTROLE

Longtemps, la seule source d'éclairage resta celle des feux de bois. Puis, il y a environ 70 000 ans, l'homme préhistorique découvrit que les graisses brûlaient d'une flamme vive et stable. Il fabriqua les premières lampes à huile en creusant des pierres qu'il remplissait de mousses ou autres fibres végétales imbibées d'huile, auxquelles il mettait le feu. Plus tard, il découvrit qu'on obtenait une flamme plus intense et plus durable si l'on allumait juste une mèche trempant dans l'huile. L'huile, quant à elle, était obtenue à partir de graisse animale, de cire d'abeille, ou bien d'olives ou de graines de sésame. Plus rarement, il s'agissait d'huile minérale récoltée là où les nappes de pétrole affleuraient. Ces lampes restèrent l'unique source d'éclairage jusqu'à l'invention de la lampe à gaz, au XIXᵉ siècle.

LUMIÈRE D'ÉGYPTE

Une lampe était obtenue simplement en plaçant une mèche en appui sur le bord d'un récipient de pierre. Au temps où celui-ci était creusé à la main, les lampes étaient probablement rares. Plus tard, avec l'apparition de la poterie, l'homme apprit à produire des récipients de toutes sortes. Très vite, il améliora la structure de la lampe à huile en pinçant le bord pour faire un bec étroit par lequel on passait la mèche. Le modèle ci-dessus est une lampe égyptienne vieille de 2 000 ans.

Huile végétale

Mèche

LA LAMPE À PÉTROLE

Pendant les 70 années qui suivirent l'invention de la lampe d'Aimé Argand (voir ci-dessous), la plupart des lampes fonctionnèrent à l'huile de baleine. Mais vers le début des années 1860, celle-ci avait été presque totalement remplacée par un combustible moins coûteux dérivé du pétrole : le pétrole lampant. Bien que similaire dans son principe à la lampe Argand, la lampe à pétrole possédait un réservoir situé à sa base, en dessous de la mèche et non plus dans un cylindre séparé. La taille de la flamme était contrôlée en ajustant la hauteur de la mèche dépassant du réservoir.

Colonne de verre améliorant la circulation de l'air et protégeant la flamme des courants d'air

Globe de verre répartissant la lumière

Colonne de verre

LES PETITES FEMMES DE PARIS

Vers les années 1890, le commerce du pétrole lampant s'était fortement développé, et les fabricants rivalisaient d'inventivité pour donner à leur produit une image attrayante. La société Saxoléine commanda à l'artiste Jules Chéret (1836-1932) une série d'affiches restées célèbres. Elles représentaient des « femmes de Paris » en extase devant des lampes remplies de pétrole de cette marque, qu'elles présentaient comme un produit propre, sûr et sans odeur.

En
Bidons plombés
de 5 Litres

Saxoléine

PÉTROLE DE SÛRETÉ
EXTRA-BLANC · DÉODORISÉ · IN INFLAMMABLE

Porte-mèche

Arrivée d'huile

Collecteur de gouttes d'huile

Réservoir d'huile de baleine

Trous de ventilation apportant l'air à la flamme

Réservoir de pétrole lampant

Réglage de hauteur de mèche

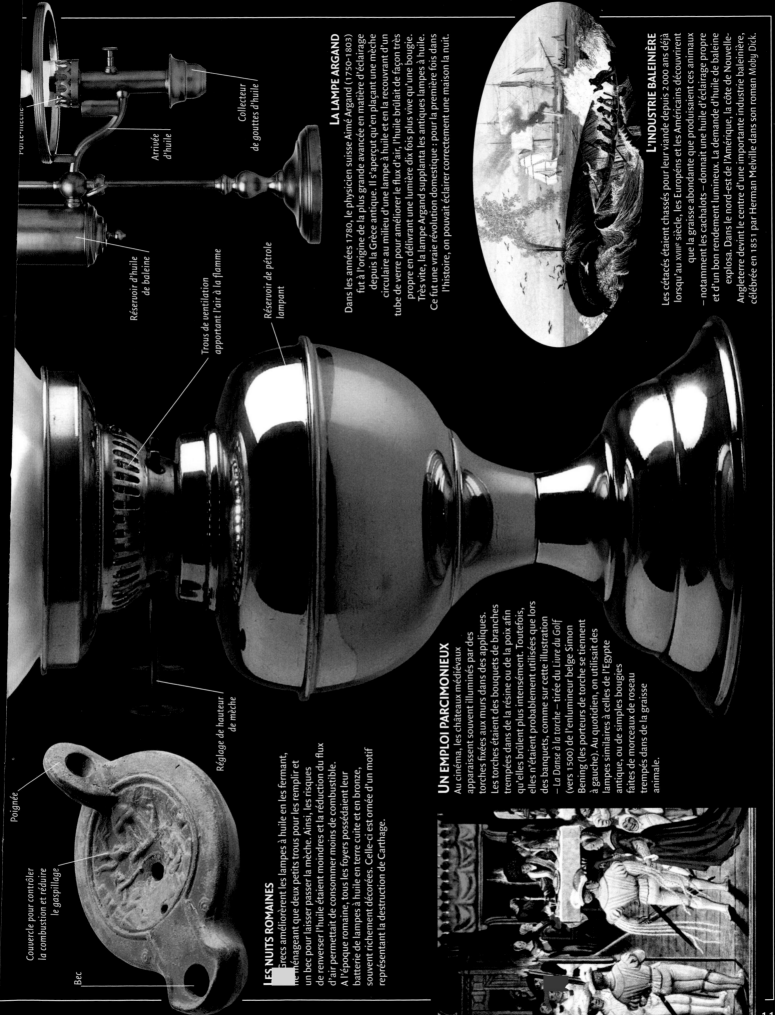

LA LAMPE ARGAND

Dans les années 1780, le physicien suisse Aimé Argand (1750-1803) fut à l'origine de la plus grande avancée en matière d'éclairage depuis la Grèce antique. Il s'aperçut qu'en plaçant une mèche circulaire au milieu d'une lampe à huile et en la recouvrant d'un tube de verre pour améliorer le flux d'air, l'huile brûlait de façon très propre en délivrant une lumière dix fois plus vive qu'une bougie. Très vite, la lampe Argand supplanta les antiques lampes à huile. Ce fut une vraie révolution domestique : pour la première fois dans l'histoire, on pouvait éclairer correctement une maison la nuit.

L'INDUSTRIE BALEINIÈRE

Les cétacés étaient chassés pour leur viande depuis 2 000 ans déjà lorsqu'au XVIIIe siècle, les Européns et les Américains découvrirent que la graisse abondante que produisaient ces animaux – notamment les cachalots – donnait une huile d'éclairage propre et d'un bon rendement lumineux. La demande d'huile de baleine explosa. Dans le nord-est de l'Amérique, la côte de Nouvelle-Angleterre devint le centre d'une importante industrie baleinière, célébrée en 1851 par Herman Melville dans son roman *Moby Dick*.

LES NUITS ROMAINES

Grecs améliorèrent les lampes à huile en les fermant, ménageant que deux petits trous pour les remplir et un bec pour laisser passer la mèche. Ainsi, les risques de renverser l'huile étaient moindres et la réduction du flux d'air permettait de consommer moins de combustible. À l'époque romaine, tous les foyers possédaient leur batterie de lampes à huile en terre cuite et en bronze, souvent richement décorées. Celle-ci est ornée d'un motif représentant la destruction de Carthage.

Poignée

Couvercle pour contrôler la combustion et réduire le gaspillage

Bec

UN EMPLOI PARCIMONIEUX

Au cinéma, les châteaux médiévaux apparaissent souvent illuminés par des torches fixées aux murs dans des appliques. Les torches étaient des bouquets de branches trempées dans de la résine ou de la poix afin qu'elles brûlent plus intensément. Toutefois, elles n'étaient probablement utilisées que lors des banquets, comme sur cette illustration – *La Danse à la torche* – tirée du *Livre du Golf* (vers 1500) de l'enlumineur belge Simon Bening (les porteurs de torche se tiennent à gauche). Au quotidien, on utilisait des lampes similaires à celles de l'Égypte antique, ou de simples bougies faites de morceaux de roseau trempés dans de la graisse animale.

À L'AUBE DE L'ÈRE DU PÉTROLE

Depuis des siècles, au Moyen-Orient, on distillait du pétrole d'éclairage dans de petits dispositifs appelés alambics. Mais l'ère moderne du pétrole débuta vraiment en 1853 quand le chimiste polonais Ignacy Lukasiewicz (1822-1882) découvrit le moyen d'effectuer cette opération à l'échelle industrielle. En 1856, il installa la première raffinerie de pétrole brut à Ulaszowice, en Pologne. Abraham Gesner (1791-1864), un Canadien, avait trouvé comment obtenir du pétrole lampant à partir du charbon dès 1846, mais la technique à base de pétrole était beaucoup plus productive et coûtait moins cher. Le pétrole lampant supplanta vite la coûteuse huile de baleine comme combustible d'éclairage en Europe et en Amérique du Nord. La demande en augmentation déclencha une ruée vers l'or noir, en particulier aux États-Unis.

Action de la compagnie pétrolière Seneca

Edwin L. Drake

L'OR NOIR AMÉRICAIN

L'avocat newyorkais George Bissell (1812-1884) était convaincu que le pétrole liquide souterrain pouvait être capté par forage. Il constitua la compagnie pétrolière Seneca et engagea Edwin L. Drake (1818-1880), un cheminot à la retraite. Celui-ci partit pour Titusville, en Pennsylvanie, où les puits d'eau souterraine étaient souvent contaminés par des hydrocarbures. Le 28 août 1859, les hommes de Drake forèrent à 21 m de profondeur et tombèrent sur un gisement. C'était le premier puits de pétrole des États-Unis.

LA VILLE NOIRE

Le premier puits de pétrole du monde fut foré en 1847 à Bakou, au bord de la mer Caspienne, dans ce qui est aujourd'hui l'Azerbaïdjan. Avec la nouvelle demande en pétrole, des forages par centaines transformèrent la ville, qui se développa très vite. Surnommée la «Ville noire», elle produisait 90 % du pétrole mondial dans les années 1860. Cette œuvre d'Herbert Ruland dépeint Bakou dans les années 1960; c'est de nos jours encore un centre pétrolier majeur.

Mues par un moteur électrique, une paire de manivelles élèvent et abaissent le bras de pompe.

Oil Springs, dans l'Ontario, en 1862

DU PÉTROLE À PLEINS SEAUX

En 1858, James Williams (1818-1890) fora les marais bitumineux du comté de Lambton, dans l'Ontario, au Canada. Le liquide noir se mit à jaillir si abondamment qu'il pouvait en remplir des seaux. Ce fut le premier captage pétrolier en Amérique. Le secteur fut baptisé Oil Springs («Sources de pétrole») et en quelques années, il fut couvert de derricks rudimentaires, armatures supportant le matériel de forage.

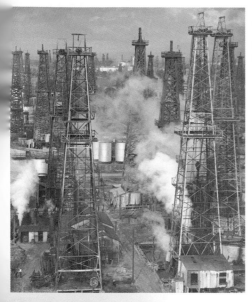
Champ de derricks de Signal Hill, en Californie (Etats-Unis), en 1935

FORÊTS DE DERRICKS

A ses débuts, la chasse à l'or noir était une activité totalement libre et beaucoup de personnes risquèrent tout ce qu'elles possédaient dans l'espoir qu'un forage heureux leur apporterait la fortune. Chaque prospecteur espérant une part du butin, les zones de gisement se couvrirent bientôt de forêts de derricks, ces tours métalliques surmontant les têtes de puits.

LES PIONNIERS DE SPINDLETOP

La plupart des premiers puits étaient peu profonds et les quantités pompées étaient faibles. Mais en 1901, à Spindletop, au Texas (Etats-Unis), des ouvriers qui foraient à plus de 300 m sous la surface furent soudain aspergés par une fontaine de boue et de pétrole. Ce fut le premier « puits jaillissant » du Texas, où le liquide est poussé vers la surface par sa propre pression. Lorsqu'il est ainsi naturellement pressurisé, le pétrole peut sortir en énormes quantités.

Les formes et le mouvement de la pompe évoquent un mulet qui hoche la tête.

LES POMPES À BALANCIER

Dans les débuts de l'exploitation pétrolière, le pétrole n'était pas loin de la surface. D'innombrables puits furent forés pour l'atteindre. Parfois, celui-ci jaillissait naturellement sous l'effet de sa propre pression. Mais au bout d'un certain temps, la pression dans la nappe chutait et le précieux liquide devait être pompé. On mettait alors en place des pompes à la forme typique munies d'un bras oscillant dont le principe mécanique est resté le même jusqu'à nos jours. Lorsque la tête en arc de cercle descend, le plongeur de la pompe descend dans le puits. Lorsque la tête remonte, le plongeur aspire le pétrole à la surface.

L'OR NOIR EN FUMÉE

Les premiers forages étaient une activité risquée que beaucoup d'ouvriers payèrent de leur vie. Le plus grand danger était sans doute le feu. Les raffineries explosaient, les réservoirs et les captages étaient fréquemment la proie des flammes. Lorsqu'un incendie frappait une tête de puits, il était très difficile de l'éteindre car il était sans cesse alimenté par le pétrole jaillissant du sous-sol. Ce puits en feu à Jennings, en Louisiane (Etats-Unis), fut photographié en 1902.

Le bras oscillant transmet son mouvement au plongeur dans le puits.

Ce type de pompe est encore utilisé de nos jours.

Révolution industrielle

Petroleum Center, en Pennsylvanie, Etats-Unis, en 1873

LES VILLES-CHAMPIGNONS DU PÉTROLE

A mesure que les puits se creusaient, des villes nouvelles entières sortaient de terre pour loger l'armée grandissante des ouvriers du pétrole. Ces installations rudes, sans confort, surgissaient presque d'un jour à l'autre, vite noircies par les résidus de pétrole, et empestaient les hydrocarbures. A cause du maniement imprudent de la nitroglycérine, utilisée pour ouvrir les puits, les explosions y étaient fréquentes.

L'OR NOIR ET L'AVÈNEMENT DE L'AUTOMOBILE

Aux États-Unis, le nombre des propriétaires de véhicules à moteur, de 8 000 en 1900, était passé à 125 000 en 1908, et dépassait 8 millions vers 1920. En 1930, 26,7 millions de voitures circulaient sur les routes américaines, consommant toutes du carburant obtenu à partir du pétrole. La spéculation sur la matière première prit d'énormes proportions. Des prospecteurs foraient partout où l'on pouvait soupçonner la présence de pétrole dans le sous-sol. Beaucoup échouèrent, mais certains chanceux firent fortune en trouvant des puits en éruption. En Californie, en Oklahoma et surtout au Texas, la manne pétrolière alimentait désormais une énorme croissance économique qui fit des États-Unis le pays le plus riche du monde. En assurant la prospérité des fabricants d'automobiles et des compagnies pétrolières, l'« or noir » allait transformer le visage de l'Amérique.

Voiture à vapeur de Bordino, 1854

LA VAPEUR DÉPASSÉE

Parmi les premières voitures, certaines avaient un moteur à vapeur. Ce modèle, construit par Virginio Bordino (1804-1879) en 1854, brûlait du charbon pour transformer de l'eau en vapeur. Les modèles plus tardifs, qui utilisaient de l'essence ou du pétrole lampant, étaient beaucoup plus efficaces, mais il leur fallait 30 minutes de chauffe pour obtenir de la vapeur avant de pouvoir démarrer. Avec les moteurs à combustion interne, le démarrage était instantané, en particulier après l'invention du démarreur électrique en 1903.

UNE VOITURE POUR TOUS

L'Américain Henry Ford (1863-1947) rêvait de fabriquer « une automobile pour le plus grand nombre, si peu coûteuse qu'aucun homme ayant un salaire décent ne pourrait se l'offrir. » Il créa le Modèle T, la première automobile produite en série au monde. Lancée en 1908, la Ford T connut un succès immédiat. En l'espace de cinq ans, 250 000 exemplaires avaient été vendus, représentant 50 % du parc automobile des Etats-Unis. En 1925, elle représentait toujours la moitié des voitures américaines, mais on en comptait désormais 15 millions. Cette automobile fut à l'origine du premier boom de la consommation pétrolière.

FABRICATION À LA CHAÎNE

Dans les années 1900, les automobiles étaient des jouets pour les gens riches. Chaque véhicule était alors fabriqué à la main par des artisans et coûtait très cher. Tout allait changer avec l'invention de la production en chaîne. Désormais, des séries de véhicules défilaient le long de chaînes de production, servies par des ouvriers nombreux qui ajoutaient, à chaque étape, de nouveaux composants. De cette manière, on pouvait construire des automobiles en grande quantité et moins coûteuses. Ce mode de production fit de l'automobile un moyen de transport quotidien pour l'Américain moyen.

Des pièces comme les ailes étaient vissées en quelques secondes tandis que la voiture défilait sur la chaîne.

Les roues étaient fixées dès le début de la fabrication afin que le châssis puisse rouler facilement le long de la chaîne de production.

Le robuste châssis en vanadium était un élément clé de la construction de la Ford T.

Chaque pompe était éclairée pour permettre son repérage la nuit.

Automobile

À LA POMPE

Avec l'augmentation des voitures particulières dans les années 1920, les stations-service commencèrent à fleurir au bord des routes américaines. A cette époque, les petits réservoirs des automobiles offraient une faible autonomie. Par conséquent, les moindres villes et villages avaient leurs pompes à essence, aux couleurs et dans le style des compagnies pétrolières qui les alimentaient. Ces stations des années 1920 sont aujourd'hui considérées comme des pièces du patrimoine de l'histoire automobile des Etats-Unis.

La compagnie Gilmore fut fondée par un agriculteur de Los Angeles qui découvrit du pétrole en effectuant un forage à la recherche d'eau pour ses vaches.

Les vieilles pompes sont aujourd'hui des pièces de collection qui se revendent souvent pour des milliers d'euros.

SHELL SPIRIT AND MOTOR OILS
Your car deserves them both

Prix en dollars

Quantité de carburant vendue

VANTER POUR VENDRE
Noir, visqueux et malodorant, le pétrole en soi n'est pas particulièrement attrayant. Les compagnies pétrolières entreprirent donc d'améliorer l'image de leurs produits pour doper les ventes. Leurs publicités recouraient aux couleurs vives ainsi qu'aux lieux et aux objets de prestige, et l'on confiait la réalisation d'affiches enchanteresses à de jeunes artistes de renom. Cette affiche de la société Shell date de 1926. Le pétrole lui-même n'y apparaît nulle-part.

En l'absence de vrais bas, les femmes se teignaient les jambes pour simuler les couleurs du Nylon.

Comment se faire de faux bas Nylon, années 1940

L'ATTRAIT DES BAS NYLON
Durant les années 1930, les compagnies cherchèrent à valoriser les sous-produits de distillation du pétrole, après extraction de l'essence. En 1935, Wallace Carothers, de la société chimique DuPont, produisit, à partir de ceux-ci, une robuste fibre artificielle appelée Nylon. Lancés en 1939, les bas Nylon conquièrent instantanément les jeunes femmes. Au temps des privations de la Seconde Guerre mondiale (1939-1945), pendant laquelle le Nylon était rare, elles se teignaient souvent les jambes et y peignaient de fausses coutures pour faire croire qu'elles portaient des bas.

Bas en Nylon

Publicité Tupperware des années 1950

Le tuyau délivre l'essence contenue dans un réservoir enterré.

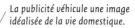

La publicité véhicule une image idéalisée de la vie domestique.

LES DÉBUTS DU PLASTIQUE
De nombreux objets aujourd'hui communs ont leur origine dans le boom pétrolier. Les scientifiques découvrirent en effet qu'ils pouvaient fabriquer, à partir du pétrole, des plastiques tels que le polychlorure de vinyle (PVC) et le polyéthylène. Lorsque revint la prospérité après la Seconde Guerre mondiale, nombre de produits en plastique, pratiques et peu coûteux, firent leur apparition dans les foyers. Parmi les plus célèbres, figurent les boîtes en polyéthylène Tupperware, lancées en 1946 par Earl Tupper, un chimiste de chez DuPont.

UN LION RUGISSANT DANS LE MOTEUR
Les compagnies pétrolières, qui se menaient une concurrence acharnée, tentaient de créer leur propre image de marque qui, souvent, n'avait rien à voir avec le pétrole. C'était plutôt une idée visant à rendre le produit plus attrayant. Cette pompe des années 1930 de la compagnie américaine Gilmore, qui associait son essence à un lion rugissant, est tout à fait typique. De nos jours, de telles techniques de marketing sont ordinaires mais dans les années 1920, elles étaient totalement nouvelles.

QU'EST-CE QUE LE PÉTROLE ?

Le pétrole est une matière minérale naturelle issue des restes modifiés d'êtres vivants. Son nom vient du latin *petrae oleum*, qui signifie « huile de pierre ». C'est une substance sombre et huileuse, liquide dans sa forme typique, mais qui peut aussi apparaître solide ou gazeuse. La forme liquide sous laquelle il est extrait est appelée « pétrole brut » si elle est noire et visqueuse, et « condensat » si elle est claire et volatile. Lorsqu'elle est solide, on l'appelle « asphalte », et « bitume » lorsqu'elle est semi-solide. Le pétrole est un mélange complexe de différents composants chimiques, que l'on peut isoler par raffinage. Ceux-ci serviront à fabriquer une grande variété de substances.

@ ►►
Chimie organique

Asphalte

DES DÉPÔTS ÉPAIS ET COLLANTS
En certains endroits, le pétrole suinte à la surface du sol. Exposés à l'air, ses composants les plus volatils s'évaporent, laissant en dépôt une épaisse boue noire appelée bitume, ou une masse agglutinée comme celle-ci, appelée asphalte. Ces formes sont aussi appelées goudrons.

LE GAZ NATUREL
Le pétrole contient des composés tellement volatils qu'ils s'évaporent facilement pour former le gaz naturel. Presque toutes les nappes de pétrole contiennent suffisamment de ces composés pour produire au moins un peu de gaz. Certaines en renferment de telles proportions qu'il s'agit presque entièrement de gaz naturel.

Flamme de gaz naturel

Les huiles minérales légères flottent sur l'eau.

L'eau et le pétrole ne se mélangent pas.

HUILES LOURDES ET LÉGÈRES
Les pétroles fins et volatils (qui s'évaporent vite à l'état brut) sont décrits comme légers, tandis que les formes épaisses et visqueuses (les bruts qui s'écoulent mal) sont des pétroles lourds. La plupart flottent à la surface de l'eau mais certaines formes lourdes tombent au fond ; toutefois, ce phénomène ne se produit pas dans l'eau salée, dont la densité est supérieure à l'eau douce.

LE PÉTROLE BRUT
Le pétrole brut est généralement épais et huileux, mais on le trouve en une vaste gamme de compositions et de couleurs parmi lesquelles le noir, le vert, le rouge ou le brun. Ainsi, le pétrole brut du Soudan est noir de jais, celui de la mer du Nord brun foncé. Celui de l'Utah, aux Etats-Unis, est de couleur ambre, tandis que dans certaines régions du Texas, il est presque paille. Les pétroles bruts dits doux sont faciles à raffiner parce qu'ils contiennent peu de soufre. Lorsqu'ils contiennent plus de soufre, ils sont dits sulfurés et nécessitent, par conséquent, un traitement plus long.

Pétrole brut brun

Pétrole brut noir

Atome d'hydrogène

Atome de carbone

Molécule d'octane

UN MÉLANGE COMPLEXE
Le pétrole renferme essentiellement des hydrocarbures, composés chimiques organiques contenant exclusivement des atomes de carbone (84 % du poids) et d'hydrogène (14 % du poids). Il existe trois grands types d'hydrocarbures : les alcanes, les aromates et les naphtènes. L'illustration ci-contre montre leurs proportions approximatives dans le pétrole brut « saoudien lourd », dont le taux en alcanes est plus élevé que beaucoup d'autres pétroles bruts.

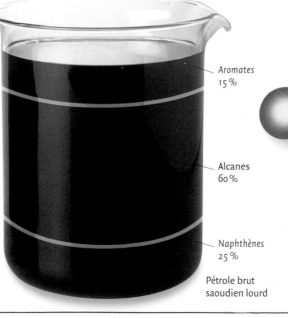

Aromates 15 %

Alcanes 60 %

Naphthènes 25 %

Pétrole brut saoudien lourd

LES HYDROCARBURES
Les hydrocarbures composant le pétrole présentent soit des molécules cycliques (formant des anneaux), soit des molécules linéaires (formant des chaînes). Les alcanes, parmi lesquels le méthane et l'octane, sont des hydrocarbures linéaires. Les aromates, comme le benzène, sont des hydrocarbures cycliques, tandis que les naphtènes sont des groupements d'hydrocarbures cycliques. Le pétrole contient aussi de petites quantités de composés non hydrogénés appelés NSO, où l'hydrogène est remplacé principalement par de l'azote, du soufre ou de l'oxygène.

LES REJETS DES RUMINANTS

Le méthane, constituant du pétrole, est un hydrocarbure naturellement abondant. Sa molécule est simple, composée d'un unique atome de carbone lié à quatre atomes d'hydrogène. On le trouve en grande quantité dans les matériaux organiques qui recouvrent les fonds marins. Le bétail du monde entier en rejette abondamment dans l'atmosphère par flatulence. Le méthane se forme dans le tube digestif lors de la dégradation de la nourriture par les bactéries digestives.

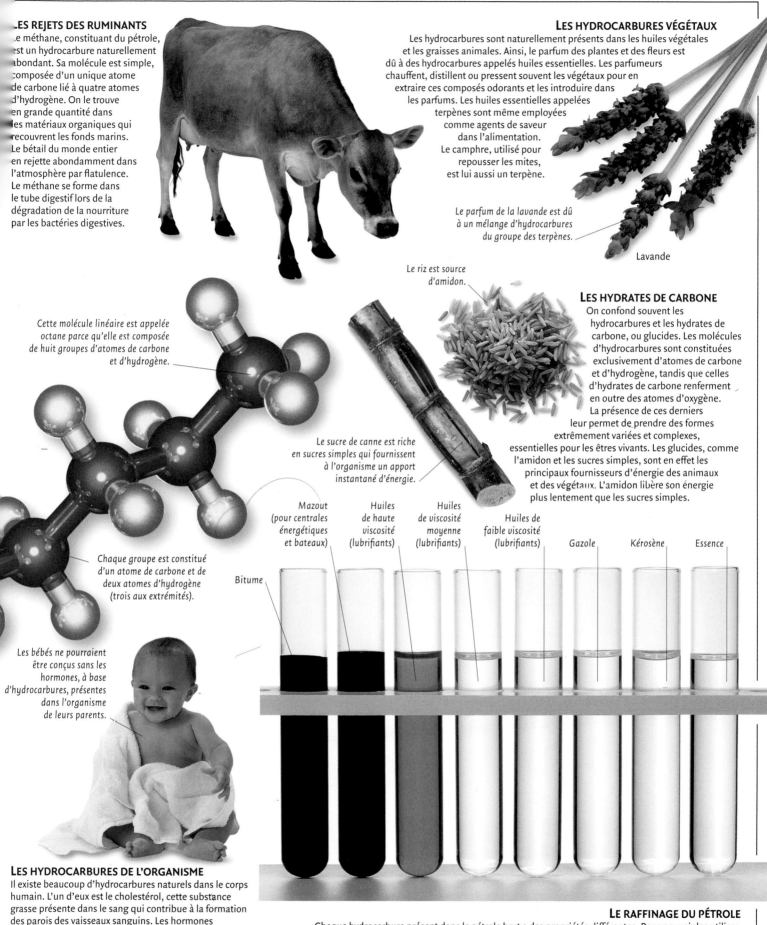

LES HYDROCARBURES VÉGÉTAUX

Les hydrocarbures sont naturellement présents dans les huiles végétales et les graisses animales. Ainsi, le parfum des plantes et des fleurs est dû à des hydrocarbures appelés huiles essentielles. Les parfumeurs chauffent, distillent ou pressent souvent les végétaux pour en extraire ces composés odorants et les introduire dans les parfums. Les huiles essentielles appelées terpènes sont même employées comme agents de saveur dans l'alimentation. Le camphre, utilisé pour repousser les mites, est lui aussi un terpène.

Le parfum de la lavande est dû à un mélange d'hydrocarbures du groupe des terpènes.

Lavande

Le riz est source d'amidon.

LES HYDRATES DE CARBONE

On confond souvent les hydrocarbures et les hydrates de carbone, ou glucides. Les molécules d'hydrocarbures sont constituées exclusivement d'atomes de carbone et d'hydrogène, tandis que celles d'hydrates de carbone renferment en outre des atomes d'oxygène. La présence de ces derniers leur permet de prendre des formes extrêmement variées et complexes, essentielles pour les êtres vivants. Les glucides, comme l'amidon et les sucres simples, sont en effet les principaux fournisseurs d'énergie des animaux et des végétaux. L'amidon libère son énergie plus lentement que les sucres simples.

Cette molécule linéaire est appelée octane parce qu'elle est composée de huit groupes d'atomes de carbone et d'hydrogène.

Le sucre de canne est riche en sucres simples qui fournissent à l'organisme un apport instantané d'énergie.

Chaque groupe est constitué d'un atome de carbone et de deux atomes d'hydrogène (trois aux extrémités).

Les bébés ne pourraient être conçus sans les hormones, à base d'hydrocarbures, présentes dans l'organisme de leurs parents.

Bitume

Mazout (pour centrales énergétiques et bateaux)

Huiles de haute viscosité (lubrifiants)

Huiles de viscosité moyenne (lubrifiants)

Huiles de faible viscosité (lubrifiants)

Gazole

Kérosène

Essence

LES HYDROCARBURES DE L'ORGANISME

Il existe beaucoup d'hydrocarbures naturels dans le corps humain. L'un d'eux est le cholestérol, cette substance grasse présente dans le sang qui contribue à la formation des parois des vaisseaux sanguins. Les hormones stéroïdiennes, telles que la progestérone et la testostérone, dont le rôle est déterminant dans l'activité sexuelle et la reproduction, sont d'autres hydrocarbures essentiels.

LE RAFFINAGE DU PÉTROLE

Chaque hydrocarbure présent dans le pétrole brut a des propriétés différentes. Pour pouvoir les utiliser, le pétrole brut doit être raffiné (traité) afin de séparer les différents groupes d'hydrocarbures qui le composent, illustrés ci-dessus. Ces groupes se différencient essentiellement par leur densité et leur viscosité, le bitume étant le plus dense et le plus visqueux, l'essence la moins dense et la plus fluide.

L'ORIGINE DU PÉTROLE

Les scientifiques pensaient jadis que le pétrole se formait essentiellement par réaction chimique entre des minéraux dans les roches profondes. En fait, il provient de restes d'innombrables êtres vivants marins accumulés au fond des océans au cours des temps géologiques. En mourant, ces micro-organismes (diatomées, foraminifères...) formant le plancton ont constitué, en se mêlant aux minéraux, d'épaisses couches de sédiments. Pendant des millions d'années, par l'action de bactéries tout d'abord, puis sous l'effet de la pression et de la chaleur, ces restes organiques se sont transformés en pétrole. Celui-ci a ensuite migré à travers les roches pour s'accumuler dans des roches-réservoirs pour former des gisements.

Énergie fossile

UN CONCENTRÉ D'ÉNERGIE

L'énergie concentrée dans les liens qui maintiennent assemblées les molécules d'hydrocarbures a pour origine le Soleil. Elle a été captée il y a très longtemps sous forme de lumière par le phytoplancton pour effectuer la photosynthèse, un processus au cours duquel les végétaux convertissent des éléments chimiques simples en composés nourriciers. La transformation du phytoplancton en pétrole n'a fait que concentrer un peu plus cette énergie.

Diatomées vues au microscope

Les diatomées ont des coques transparentes en silice.

Les masses bleu-vert sont des blooms phytoplanctoniques.

Les diatomées ont de nombreuses formes différentes et souvent des structures magnifiques et complexes.

POUSSÉES OCÉANIQUES

La formation du pétrole est probablement liée aux « blooms », ces apparitions massives de phytoplancton fréquentes dans les eaux marines peu profondes au large des côtes. Les blooms sont parfois si vastes qu'ils deviennent visibles par les satellites, comme sur la photo ci-dessus, réalisée au-dessus du golfe du Lion. Ces phénomènes ont typiquement lieu au printemps, lorsque l'accroissement de la lumière solaire et la remontée d'eaux froides riches en éléments nutritifs créent des conditions favorables à une croissance massive du plancton.

LA SOUPE PLANCTONIQUE

La surface des océans et des lacs est riche en plancton dérivant. Ces micro-organismes, le plus souvent invisibles à l'œil nu, sont si abondants que leurs restes s'accumulent dans d'épaisses couches de sédiments au fond de l'eau. Il existe deux types de plancton. Le phytoplancton, ou plancton végétal, effectue la photosynthèse et fabrique sa propre nourriture grâce à la lumière du Soleil. Ses représentants les plus abondants sont les diatomées. Le zooplancton est constitué d'animaux minuscules qui se nourrissent de phytoplancton ou de leurs semblables.

DES TESTS PAR MILLIARDS

Les foraminifères sont des organismes unicellulaires microscopiques, abondants dans les océans du monde entier, qui sécrètent autour de leur cellule une coque calcaire appelée test. Ils sont, comme les diatomées, une importante source de matériaux pour la formation du pétrole. C'est pourquoi les prospecteurs de pétrole recherchent des roches à foraminifères qu'ils étudient pour déterminer leur histoire. Pour chaque période géologique, chaque couche de roches renferme un type spécial de foraminifère. Les roches crayeuses sont riches en coquilles de foraminifères fossilisées.

Falaises crayeuses renfermant des fossiles de foraminifères, dans le Sussex, en Angleterre

Test de foraminifère microscopique marqué de pores

Le test est composé de carbonate de calcium.

COMMENT SE FORME LE PÉTROLE

Les sédiments déposés au fond des océans au cours du temps constituent une roche mère. Les restes des organismes vivants qui s'y sont mélangés sont d'abord décomposés par des bactéries en une substance appelée kérogène. A mesure que la roche mère s'enfonce, la chaleur et la pression, qui augmentent, vont « cuire » le kérogène (entre 1 000 et 6 000 m de profondeur dans la terre). Cela le transforme en bulles de pétrole et de gaz naturel. Les bulles migrent à travers la roche poreuse comme de l'eau dans une éponge. Au cours du temps, une partie remonte et s'accumule dans des pièges lorsqu'elle rencontre des couches imperméables.

Les organismes marins meurent et tombent au fond de l'eau, où ils sont enfouis.

Particules de kérogène vues au microscope

Du pétrole et du gaz naturel se forment dans la roche mère sédimentaire, qui est poreuse.

Le pétrole et le gaz migrent vers le haut.

Roche de couverture imperméable, arrêtant le gaz et le pétrole

Gaz piégé

Pétrole piégé

À MI-CHEMIN

Seule une faible proportion des restes enfouis de micro-organismes marins se transforme en pétrole. La majeure partie s'arrête à l'état de kérogène. Il s'agit d'un minéral solide, noir brunâtre, présent dans les roches sédimentaires (formées par dépôt des débris d'autres roches et d'êtres vivants). Pour que la transformation soit complète, le kérogène doit être chauffé sous pression à plus de 60 °C.

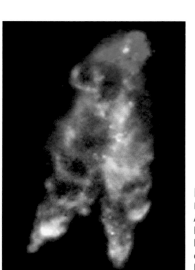

DU PÉTROLE DANS L'ESPACE ?

Des hydrocarbures peuvent-ils se former dans l'espace ?
Après analyse des couleurs de la lumière émise par certaines étoiles lointaines, les astronomes pensent que c'est possible. Des observations réalisées dans l'infrarouge par le télescope spatial ISO sur l'étoile mourante CRL618, au cours de l'année 2001, ont détecté la présence de benzène, dont la molécule présente la structure cyclique classique des hydrocarbures.

LE GAZ NATUREL

Dès l'Antiquité, en Grèce, en Perse et en Inde, l'homme fut intrigué par des flammes qui, par endroits, sortaient de terre. Il s'agissait de gaz naturel qui s'enflammait spontanément, mais ce phénomène jadis inexpliqué donna lieu à de nombreuses croyances. Le gaz naturel est un mélange composé en grande majorité de méthane, le plus simple et le plus léger des hydrocarbures. Comme le pétrole brut, il s'est formé dans le sous-sol à partir des restes de micro-organismes marins et il est souvent extrait des mêmes puits que ce dernier. On le trouve également associé à du condensat, ou bien seul dans la roche-réservoir. Jusqu'à une date récente, il était peu utilisé ; au début du XXe siècle, on le brûlait comme déchet de captage des puits de pétrole. Aujourd'hui, c'est un combustible de valeur qui fournit plus d'un quart de l'énergie mondiale.

INQUIÉTANTS FEUX FOLLETS

Lorsque la matière organique (vivante) se décompose, elle libère un gaz (aujourd'hui appelé biogaz) qui est un mélange de méthane et de phosphine. Des bulles de biogaz se dégageant des lieux marécageux s'enflamment parfois brièvement dans l'air chaud de l'été. Ce phénomène donna naissance à la légende des feux follets, lumières fantomatiques que l'on disait utilisées par les esprits ou les démons pour attirer les passants dans leur royaume.

LES GAZODUCS

La majeure partie du gaz naturel extrait du sous-sol est transportée par de gros tuyaux appelés gazoducs. Les gazoducs sont fabriqués par assemblage de sections en acier au carbone rigoureusement testées pour résister à la pression. Le gaz y est en effet injecté sous une pression très élevée. Celle-ci permet non seulement de réduire jusqu'à 600 fois le volume du gaz transporté, mais elle fournit aussi la poussée qui le fait circuler dans le gazoduc.

Ouvrier inspectant un gazoduc, en Russie

L'EXTRACTION ET LE TRAITEMENT

Le gaz naturel est souvent extrait dans des usines comme celle ci-dessous. C'est un matériau si léger qu'il sort du puits sans qu'il soit nécessaire de le pomper. Mais avant d'être dirigé vers les gazoducs, il doit être traité afin de le débarrasser des impuretés et autres composés qu'il renferme. Il existe notamment une forme de « gaz acide », à haute teneur en soufre et en dioxyde de carbone, très corrosif et dangereux, qui nécessite un traitement accru. Enfin, le gaz naturel n'ayant pas d'odeur une fois traité, on lui ajoute de l'éthylmercaptan, un composé chimique du groupe des thiols, pour lui donner une odeur distinctive permettant de détecter les fuites.

Gaz naturel

Un navire méthanier typique transporte plus de 150 millions de litres de gaz naturel liquide, dont le potentiel énergétique équivaut à celui de 91 milliards de litres de la forme gazeuse.

La torchère allumée indique que le gaz circule dans les conduits.

Usine d'extraction et de traitement sur un champ gazier près de Noviy Urengoy, dans l'ouest de la Sibérie, en Russie

Les réverbères devaient être allumés à la main un par un tous les soirs.

RÉVOLUTION URBAINE

L'installation de réverbères à gaz dans Londres au début du XIXᵉ siècle devait marquer le début d'une révolution. Bientôt, les rues des villes du monde entier – jusque-là plongées dans le noir dès le soir venu – allaient être éclairées la nuit. Toutefois, bien que le gaz naturel fût utilisé pour l'éclairage urbain dès 1816, la plupart des éclairages publics au XIXᵉ siècle fonctionnaient au gaz de charbon, fabriqué à partir de la houille. L'électricité ne commença à remplacer le gaz d'éclairage qu'au début du XXᵉ siècle.

LE GAZ DE CHARBON

Vers le milieu du XVIIIᵉ siècle, la plupart des villes possédaient une usine de fabrication de gaz de charbon, que l'on appelait aussi « gaz de ville ». Celui-ci était stocké dans de grosses cuves métalliques : les gazomètres. Eclairage, cuisine, chauffage : le gaz de charbon avait de nombreux emplois. Il fut supplanté dans la seconde moitié du XXᵉ siècle par le gaz naturel, dont on avait découvert de vastes réserves et que des gazoducs distribuaient désormais largement. Ce dernier était aussi moins coûteux et d'un emploi plus sûr que le gaz de charbon.

Les gazomètres s'enfonçaient dans le sol à mesure que la quantité de gaz à l'intérieur de la cuve diminuait.

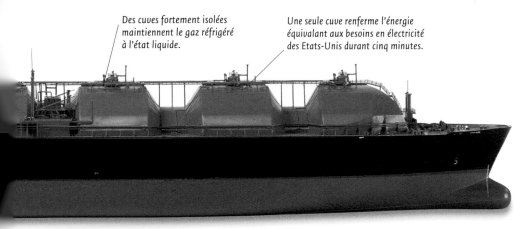

Des cuves fortement isolées maintiennent le gaz réfrigéré à l'état liquide.

Une seule cuve renferme l'énergie équivalant aux besoins en électricité des Etats-Unis durant cinq minutes.

DES CAVES À GAZ

Le gaz naturel est trop volumineux et trop inflammable pour pouvoir être stocké dans des cuves. Après avoir été traité et transporté à destination, il est injecté tel quel sous la terre, parfois dans de vieilles mines de sel comme ici en Italie. Parmi les autres stockages souterrains figurent les couches aquifères (formation rocheuses renfermant de l'eau) et les anciens réservoirs de gaz naturel vidés (roches poreuses qui autrefois contenaient du gaz naturel).

LES NAVIRES MÉTHANIERS

Les gazoducs ne véhiculent pas la totalité du gaz utilisé dans le monde, notamment lorsque sa destination est lointaine. D'énormes navires équipés de cuves sphériques le transportent à travers les océans sous la forme de gaz naturel liquéfié, ou LNG. La liquéfaction est obtenue en réfrigérant le gaz à −160 °C. A cette température, il devient liquide et occupe alors un volume 600 fois plus faible qu'à l'état gazeux.

Les unités de traitement débarrassent le gaz de ses impuretés et d'autres composés indésirables.

Une fois traité, le gaz naturel est envoyé dans des conduites pour être distribué.

Le propane brûle avec une flamme bleue.

LES COMPOSÉS ET ÉLÉMENTS ASSOCIÉS

D'autres gaz tels que l'éthane, le propane, le butane et l'isobutane sont séparés du méthane durant le traitement du gaz naturel. La plupart sont ensuite vendus séparément. Le propane et le butane, par exemple, sont mis en bouteilles pour les cuisinières et réchauds de camping. Quelques captages de gaz naturel contiennent aussi de l'hélium. Connu pour son usage dans les ballons, l'hélium agit également comme réfrigérant dans toutes sortes d'installations, des réacteurs nucléaires aux scanners médicaux.

DE LA TOURBE À LA HOUILLE : LES CHARBONS

Avec le pétrole et le gaz naturel, les charbons font partie des combustibles « fossiles ». Comme les vestiges d'êtres préhistoriques trouvés dans les roches, ils se sont formés à partir des restes d'organismes morts de très longue date. La houille est à l'origine de la Révolution industrielle qui transforma l'Europe et l'Amérique au XIXe siècle. Elle alimentait les moteurs à vapeur qui faisaient alors tourner les usines et tiraient les trains, et chauffait aussi les foyers dans les villes en rapide expansion. Depuis, sa position de première source d'énergie lui a été ravie par le pétrole dans les transports, et par le gaz naturel pour le chauffage. Mais elle reste en tête dans la production d'électricité et la sidérurgie.

@ ▶▶ Charbon

DES FORÊTS DE CHARBON

La plupart des gisements de charbon d'Europe, d'Amérique du Nord et du nord de l'Asie se sont formés à partir des débris végétaux du Carbonifère et du Permien, il y a 350 à 250 millions d'années environ (ère primaire). La majeure partie des continents se trouvait alors sous les tropiques et était recouverte de marécages où poussaient de luxuriantes forêts de mousses géantes et de fougères arborescentes.

Débris végétaux

Tourbe

Lignite (charbon brun)

Charbon bitumineux

Le charbon bitumineux et l'anthracite sont deux types de houille.

Anthracite

Profondeur et chaleur croissantes

LA FORMATION DE LA HOUILLE

Dans les forêts marécageuses de l'ère primaire, à mesure que les plantes mouraient, elles étaient enfouies sous des couches de vase où elles se sont lentement modifiées sous l'effet de la pression et de la chaleur. Le dépôt comprimé a perdu toute son eau et s'est durci. L'hydrogène, le soufre et les autres gaz qu'il contenait ont également été expulsés, ne laissant que du charbon.

1. Après leur mort, les plantes des marécages se sont décomposées lentement dans l'eau stagnante.

2. Graduellement, les débris se sont accumulés, comprimant et asséchant les couches inférieures et les transformant en une masse friable appelée matière organique.

3. Au cours des millions d'années, la matière organique a été enfouie à plus de 4 000 m de profondeur, où elle a commencé à cuire dans la chaleur de la Terre.

Veine de houille

4. La cuisson a détruit les résidus fibreux des plantes et expulsé les gaz, laissant essentiellement du charbon.

UN PROCESSUS DE CARBONISATION

Plus les débris végétaux sont enterrés longtemps et profondément, plus ils se transforment en carbone et meilleur est le combustible qui en résulte. La tourbe se forme rapidement à la surface. Friable, humide et brune, elle ne renferme que 60 % de carbone. Le lignite, brun, se forme plus profondément et contient 73 % de carbone. Plus noir, le charbon bitumineux se forme plus profondément encore et concentre 85 % de charbon. Enfin, l'anthracite, le plus noir et le plus profond des charbons, est fait de carbone à plus de 90 %.

LE CHARBON DE SURFACE

La façon dont on extrait le charbon dépend en partie de sa profondeur dans le sol. Lorsqu'il se trouve à moins de 100 m sous la surface, la méthode la moins coûteuse consiste à dégager les matériaux qui le recouvrent, appelés stériles, à l'aide d'une dragline, excavatrice géante à godets (ci-dessus), puis à extraire le charbon ainsi dégagé. Les gisements de lignite étant proches de la surface, leur exploitation dans de telles mines à ciel ouvert reste économique. Elle serait beaucoup trop coûteuse s'il fallait aller chercher ce charbon de basse qualité plus profondément.

LE CHARBON DES PROFONDEURS

Les différentes formes de houille (charbons bitumineux, anthracite), qui sont les meilleurs charbons, sont enfouies très loin sous terre, formant de minces couches appelées veines. Pour les exploiter, il faut creuser un puits de mine profond d'où part un réseau de galeries horizontales et inclinées. Celles-ci atteignent les veines dont on extrait le charbon par diverses techniques. La face exposée d'une veine dans laquelle on récolte, est appelée front de taille.

Fougère fossilisée dans du charbon

LA TOILETTE AU CHARBON

Cuite dans un haut-fourneau selon un procédé particulier, la houille se transforme en un matériau solide et très sec appelé coke, que l'on brûle pour fondre le fer lors de la fabrication de l'acier. L'un des sous-produits de la fabrication du coke est le gaz de charbon, qui fut largement utilisé en éclairage au XIXe siècle. Autre sous-produit, le goudron de houille est un liquide visqueux. On l'employait jadis pour fabriquer du savon, et il sert aujourd'hui de base dans la fabrication de peintures et de teintures.

Publicité pour du savon au goudron de houille, début du XXe siècle

Le dessin de la fougère s'est parfaitement conservé dans du carbone presque pur.

TRACES DE VIE

Les gisements houillers sont d'excellents endroits où trouver des fossiles. On y a même découvert des troncs entiers préservés. En fait, le caractère du charbon lui-même dépend pour beaucoup des parties des plantes dont il est dérivé. Par exemple, la houille dure nommée vitrain, possède une forte teneur en vitrinite, formée des parties ligneuses des végétaux.

LES TOURBIÈRES : DES MILIEUX À PRÉSERVER

La tourbe que l'on trouve aujourd'hui s'est formée assez récemment dans des marais froids et acides appelés tourbières. C'est un charbon imparfait qui fut surtout utilisé comme combustible domestique. Certaines centrales thermiques, en Irlande, l'utilisent toutefois comme source d'énergie, mais cet emploi est controversé car les tourbières sont d'importants milieux naturels.

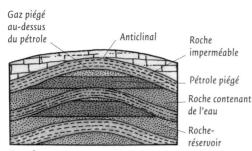

Gaz piégé au-dessus du pétrole — Anticlinal — Roche imperméable — Pétrole piégé — Roche contenant de l'eau — Roche-réservoir

LE PIÈGE PAR ANTICLINAL

Le pétrole est souvent piégé sous des plis anticlinaux, c'est-à-dire des endroits où les couches rocheuses ont été plissées en forme d'arche par les mouvements de la croûte terrestre. Si l'une de ces strates plissées est imperméable, le pétrole qui migrait en dessous est arrêté, s'accumulant dans la roche formée par la courbe. Les pièges par anticlinaux sont les plus fréquents dans le monde.

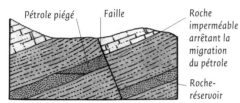

Pétrole piégé — Faille — Roche imperméable arrêtant la migration du pétrole — Roche-réservoir

LE PIÈGE CONTRE FAILLE

Parfois, les couches rocheuses se brisent et glissent vers le haut ou le bas le long de la ligne de cassure. C'est ce que l'on appelle une faille. Les failles peuvent créer des pièges à pétrole de différentes manières. Dans la plus fréquente, une roche imperméable, en se décalant, vient obstruer une roche perméable dans laquelle du pétrole est en migration.

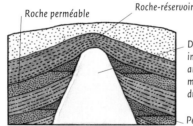

Roche perméable — Roche-réservoir — Dôme de sel imperméable arrêtant la migration du pétrole — Pétrole piégé

LE PIÈGE CONTRE DÔME DE SEL

Lorsque des masses de sel se forment en profondeur dans le sol, la chaleur et la pression provoquent leur remontée en forme de dôme. En s'élevant, les dômes rompent et repoussent sur les côtés les couches supérieures. Ce faisant, elles traversent les couches perméables, arrêtant la migration du pétrole et créant un piège.

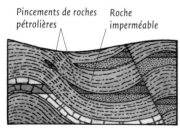

Pincements de roches pétrolières — Roche imperméable

LE PIÈGE STRATIGRAPHIQUE

Les pièges par anticlinal, contre faille et contre dôme de sel sont liés à la disposition relative des couches entre elles et sont appelés pièges structuraux. Les pièges stratigraphiques, quant à eux, sont dus à des variations au sein des couches elles-mêmes. Ils se forment souvent à partir d'anciens lits de rivières, où des poches lenticulaires de sables perméables se trouvent piégées au sein de schistes argileux et de grès fins moins perméables.

LES PIÈGES À PÉTROLE

Le pétrole se forme à partir d'une roche mère appelée aussi kérogène, matière organique devenue solide modifiée par la chaleur et la pression régnant dans le sous-sol. Les schistes, riches en kérogène, sont un des types de roches mères les plus courants. Au cours du temps, celles-ci s'enfoncent dans le sol. Sous l'effet combiné de la chaleur et de la pression, le kérogène se transforme en pétrole, puis en gaz. Dès leur formation, ces derniers commencent leur migration vers le haut. Ils s'infiltrent lentement dans les innombrables petites fissures des roches perméables environnantes. Ainsi, commence le lent processus de la migration, peu après la formation du pétrole liquide. Parfois, pétrole et gaz rencontrent une couche de roche imperméable, qui arrête leur progression. Cette dernière va former un piège pour le pétrole, lequel va s'accumuler dans la roche-réservoir située en-dessous. Ce sont ces pièges à pétrole que recherchent les compagnies quand elles effectuent des forage d'exploration.

LES PLISSEMENTS ROCHEUX

Il peut sembler étonnant que des roches dures puissent se plier, mais les mouvements des immenses plaques tectoniques constituant la croûte terrestre génèrent d'énormes contraintes. Les couches de roches sédimentaires exposées sur cette coupure au passage d'une route se sont accumulées, à l'origine, par dépôt de sédiments sur un fond marin plat. La forte courbure qu'elles ont subie, appelée anticlinal, s'est formée au cours du temps sous l'effet de la poussée permanente appliquée par des plaques en collision. D'innombrables plis anticlinaux ressemblant à celui-ci sont devenus des pièges à pétrole.

@ ▸▸ Géologie

Couches rocheuses

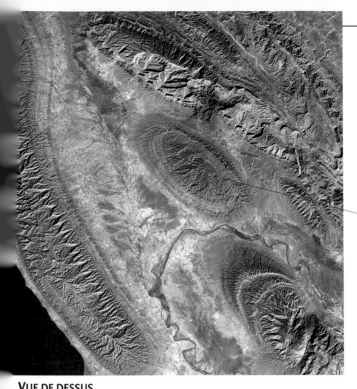

LES ROCHES-RÉSERVOIRS

Le pétrole formé dans la roche mère ne devient accessible qu'une fois qu'il a migré dans des roches pleines de pores et de fissures dans lesquels il peut s'insinuer et s'accumuler. Ces roches sont appelées roches-réservoirs. La plupart, telles que les grès et, dans une moindre mesure, les calcaires et les roches dolomitiques, ont des grains assez grossiers laissant des interstices permettant l'infiltration du pétrole.

Grès

Dôme anticlinal

Grains de la taille de petits pois

Calcaire pisolithique

Dolomite

VUE DE DESSUS

Les anticlinaux forment souvent des dômes allongés décelables sous la forme de structures ovales sur les cartes géologiques et les photos-satellite. Cette image révèle une série de dômes anticlinaux ovales dans les monts Zagros, dans le sud-ouest de l'Iran. Chacun constitue une mini-chaîne de montagnes distincte évoquant une sorte de demi-melon géant. De telles structures sont le genre même de cibles que visent les prospecteurs de pétrole à la recherche de gisements importants. Les monts Zagros sont en effet l'un des champs pétroliers les plus anciens et les plus riches de la planète.

LES ROCHES-COUVERTURES

Le pétrole continue de migrer à travers les roches perméables jusqu'à ce qu'il soit arrêté par des roches imperméables, dont les pores sont trop petits ou les fissures trop étroites ou trop isolées pour permettre à un fluide de les traverser. Ces couches imperméables qui prennent le pétrole au piège sont appelées roches-couvertures ; elles agissent comme un couvercle sur les roches-réservoirs. Les roches couvertures les plus communes sont des argiles.

Anticlinal (plissement vers le haut en forme d'arche)

Roche assombrie par de la matière organique à partir de laquelle du pétrole peut se former

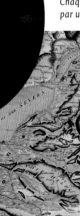

Grains ultra-fins étroitement agglomérés

Schiste

Chaque type de roche est représenté par une couleur différente.

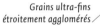

William Smith
(1769-1839)

Détail d'une carte géologique du Royaume-Uni réalisée par Smith en 1815

LE PÈRE DE LA STRATIGRAPHIE

La connaissance des roches, essentielle à la recherche du pétrole, a débuté avec William Smith, un ingénieur du Génie civil anglais. Tandis qu'il étudiait des tracés pour creuser des canaux, Smith remarqua que les différentes couches contenaient chacune des types de fossiles qui leur étaient propres. Il comprit que si des couches situées à distance les unes des autres renfermaient les mêmes fossiles, cela signifiait qu'elles avaient le même âge. La stratigraphie était née. Elle lui permit de dessiner les premières cartes géologiques et de comprendre comment les plissements et les failles affectaient les couches.

LES FORMES SOLIDES DU PÉTROLE

Nous extrayons le pétrole essentiellement sous sa forme liquide. Celle-ci ne représente toutefois qu'une fraction du pétrole existant. Les gisements souterrains en recèlent en effet de très grandes quantités dont la consistance est plus solide. Il s'agit par exemple des sables bitumineux (dépôts de sable et d'argile dont les grains sont enveloppés de bitume visqueux) et des schistes bitumineux (roches renfermant du kérogène, la matière organique qui se transforme en pétrole liquide lorsqu'elle est cuite sous pression). Leur exploitation nécessite soit de les chauffer, comme on le fait au Canada, soit de les diluer, comme on le pratique au Venezuela, afin que le pétrole se liquéfie et s'écoule. Ces procédés ont toutefois un impact environnemental plus marqué que l'extraction classique.

DES SABLES VISQUEUX

Les sables bitumineux ont l'aspect de boues noires très collantes. Chaque grain de sable est recouvert d'un film d'eau, lui-même enveloppé d'une couche de bitume. En hiver, l'eau gèle, rendant le sable aussi dur que du béton. En été, lorsque la glace fond, le sable devient gluant.

LES SABLES BITUMINEUX D'ATHABASCA

Les sables bitumineux se rencontrent en de nombreux endroits dans le monde, mais les dépôts les plus importants se situent dans l'Alberta, au Canada, ainsi qu'au Venezuela, qui possèdent chacun environ un tiers des gisements de la planète. Les dépôts d'Athabasca (ci-contre), dans l'Alberta, représentent 10 % des sables bitumineux de cet Etat et sont assez proches de la surface pour être économiquement exploitables.

LES TECHNIQUES D'EXTRACTION

Les sables bitumineux proches de la surface sont extraits dans des mines à ciel ouvert, en creusant tout simplement d'immenses trous dans le sol. Des camions géants transportent le matériau extrait vers une énorme machine qui brise les mottes de sable visqueux, puis mélange celui-ci avec de l'eau chaude pour en faire une bouillie. Cette dernière est ensuite envoyée par un oléoduc vers une usine où le pétrole est séparé du sable pour être ensuite traité dans une raffinerie. Pour les sables bitumineux trop profonds pour être extraits par minage, les compagnies pétrolières travaillent sur diverses techniques, encore au stade expérimental, visant à séparer le pétrole tandis qu'il est encore dans le sol. L'une d'elles consiste à injecter de la vapeur sous la terre. Celle-ci fait fondre le bitume qui peut alors être pompé vers la surface et envoyé au traitement. Une autre méthode consiste à injecter de l'oxygène dans le sol pour provoquer un feu qui liquéfiera le bitume.

Ces camions sont les plus gros du monde, chacun pesant 400 tonnes.

La benne contient 400 tonnes de sable bitumineux, l'équivalent de 200 barils de pétrole brut.

UNIS DANS LA MORT

Les puits de goudron, ou plus exactement d'asphalte, sont des dépressions dans lesquelles s'est amassé un asphalte assez liquide filtrant du sous-sol, formant des bassins de matière noire et très visqueuse. Dans ceux de Rancho La Brea, en Californie, aux Etats-Unis, on a retrouvé des fossiles remarquablement complets et préservés de smilodons (les fameux tigres aux dents sabre préhistoriques), ainsi que des mammouths qui constituaient leurs proies. Vraisemblablement, les mammouths pris en chasse s'y sont englués ainsi que les félins qui les poursuivaient.

Le smilodon est aussi appelé « tigre aux dents sabre » à cause de la paire de canines hypertrophiées qu'il portait, et qui lui servaient à déchirer les chairs de ses proies.

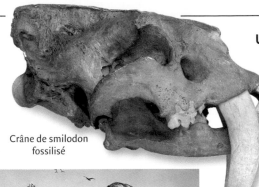

Crâne de smilodon fossilisé

Smilodons lacérant un mammouth dans un puits d'asphalte

Pitch Lake, à Trinidad

LES ENDUITS ROUTIERS

Il y a 2 500 ans, les Babyloniens recouvraient déjà les routes d'un revêtement de bitume (ou goudron), lisse et étanche. Cette technique ne fut réutilisée qu'au début du XIXe siècle, lorsque les aménageurs commencèrent à enduire les chaussées d'un mélange de graviers de divers calibres et de bitume chaud. Le mélange fut appelé macadam, du nom de son inventeur John Loudon McAdam (1756-1836), un ingénieur écossais du génie civil.

UN GOUDRON NATUREL

Pitch Lake, dans l'île de Trinidad, est un grand lac naturel d'asphalte dont la profondeur est évaluée à 75 m. On le soupçonne de s'être formé à l'intersection de deux failles (cassures de la croûte terrestre) à travers lesquelles remonterait l'asphalte. L'explorateur anglais Sir Walter Raleigh découvrit le lac lors de son voyage aux Caraïbes en 1595. Il y puisa pour calfater les coques de ses bateaux en vue de son voyage de retour.

Sir Walter Raleigh (1552-1618)

LE PÉTROLE ÉCOSSAIS

L'industrie pétrolière moderne fit ses débuts en Ecosse en 1848, lorsque l'Anglais James Young (1811-1883) découvrit la manière de produire du pétrole lampant à partir de l'asphalte des puits naturels. Ces remontées étaient rares en Angleterre. C'est pourquoi Young se tourna vers des schistes bitumineux appelés torbanite, ou « houille grasse », situés dans les lowlands écossais. Pour traiter cette production, il installa en 1851, la première raffinerie du monde à Bathgate, près d'Edimbourg.

Le schiste bitumineux est noirci par le kérogène que renferment les pores de la roche.

Marlstone, un type de schiste

LES SCHISTES BITUMINEUX

Les dépôts de schistes bitumineux sont vastes, notamment dans le Colorado, aux Etats-Unis, mais difficiles à exploiter. Le kérogène qu'ils contiennent doit être fondu puis transformé en pétrole par un traitement appelé pyrolyse, en enceinte sous vide d'air, à très haute température (450-500 °C). Le traitement peut être appliqué en surface après extraction de la roche, mais c'est un procédé coûteux. Les ingénieurs pensent que dans le futur, il peut être possible de générer le processus directement dans la roche à l'aide d'appareils chauffants électriques et d'en extraire le pétrole liquide.

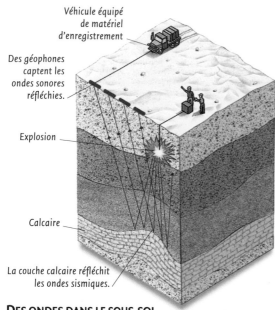

Véhicule équipé
de matériel
d'enregistrement

Des géophones
captent les
ondes sonores
réfléchies.

Explosion

Calcaire

La couche calcaire réfléchit
les ondes sismiques.

DES ONDES DANS LE SOUS-SOL

La sismique d'exploration procède en émettant de puissantes vibrations, ou ondes sismiques, à travers le sol au moyen d'une explosion. On enregistre la façon dont les ondes sismiques sont renvoyées vers la surface par les roches du sous-sol. Les différents types de roches réfléchissent les ondes différemment, ce qui permet aux géologues d'établir une image précise de la structure du sous-sol.

L'EXPLORATION PÉTROLIÈRE

Jadis, mis à part dans les secteurs où le pétrole affleurait, la découverte de gisements était souvent affaire d'intuition et de chance. De nos jours, les prospecteurs, s'appuyant sur leurs connaissances géologiques de la structure des pièges à pétrole, se concentrent sur les régions où l'or noir est le plus susceptible de s'être formé. Ils savent, par exemple, qu'il peut être présent dans l'un des quelque 600 bassins sédimentaires recensés sur la planète. Jusqu'à ce jour, environ 160 de ces bassins ont fourni du pétrole ; 240 n'ont rien donné. La prospection commence par l'étude des affleurements rocheux ou par celle d'images radar ou satellite de la zone prospectée. Une fois qu'un secteur potentiel a été localisé, commencent des études géophysiques effectuées à l'aide d'équipements sophistiqués permettant de produire une image du sous-sol telle une échographie médicale.

PROSPECTION ASSISTÉE PAR ORDINATEUR

Les études sismiques les plus sophistiquées font appel à une multitude de géophones disposés dans tout le secteur étudié. Les données sont traitées par un ordinateur qui génère une image tridimensionelle détaillée – appelée un volume – des structures du sous-sol. De telles images en 3D sont coûteuses à produire mais un forage au mauvais endroit l'est bien plus encore.

Modélisation par ordinateur du sous-sol

Pneus souples pour circuler
sur terrains accidentés

Une plaque envoie
des vibrations dans le sol.

Contrepoids
équilibrant
le véhicule

PROSPECTION EN MER

La sismique d'exploration peut également servir à la recherche de gisements de pétrole sous les fonds marins. Les navires prospecteurs tractent des câbles auxquels sont attachés des détecteurs sonores appelés hydrophones. Dans le passé, les vibrations étaient produites en faisant exploser de la dynamite, mais cette méthode tuait beaucoup d'animaux marins. De nos jours, elles sont obtenues par des tirs sous l'eau de canons à air, qui génèrent des ondes sonores dont les échos sont captés en surface.

CAMIONS VIBRATEURS

La pratique de la sismique d'exploration sur la terre ferme recourt, pour générer les vibrations, à de petites charges explosives placées dans le sol ou bien à des camions spécialement équipés. Ces véhicules sont munis d'une plaque métallique qui heurte le sol avec une très forte puissance à la fréquence de 5 à 80 fois par seconde. Les vibrations, qui sont clairement audibles, pénètrent profondément dans le sous-sol. Elles sont réfléchies vers la surface et collectées par des détecteurs appelés géophones.

AU-DESSUS DES CHAMPS

Les recherches magnétiques sont généralement conduites à l'aide d'avions comme celui-ci, équipés d'un appareil appelé magnétomètre. Le magnétomètre détecte les variations du champ magnétique du sol au-dessus duquel il passe. Les roches sédimentaires, qui sont susceptibles d'abriter du pétrole, sont généralement beaucoup moins magnétiques que les roches volcaniques, riches en métaux comme le fer et le nickel.

Industrie
pétrolière

LES FORAGES D'EXPLORATION

Jadis, ces forages étaient effectués à des endroits où les prospecteurs avaient tout au plus un espoir que du pétrole soit présent. De nos jours, ils sont pratiqués sur des terrains où les résultats des études suggèrent une possibilité réelle et sérieuse de tomber sur un gisement. Toutefois, les chances de découvrir du pétrole ou du gaz en quantité suffisante pour être commercialement exploitable restent de moins de une sur sept.

Vis de réglage de la tension des ressorts

Un gravimètre renferme un poids suspendu à des ressorts.

L'écran affiche les légères variations dans la tension des ressorts, provoquées par les différences gravitationnelles.

LA RÉCOLTE DES CAROTTES

Le forage est la seule façon de s'assurer qu'un champ de pétrole ou de gaz existe vraiment, et de savoir quel type de pétrole il recèle. Une fois le forage d'exploration effectué, on descend dans le puits une sonde qui va effectuer des relevés permettant de déterminer la nature physique et chimique des roches. Au cours du forage, on peut aussi, à l'aide d'une tête de forage spéciale, prélever des échantillons de sol appelés carottes, remontés à la surface pour une analyse détaillée en laboratoire.

CE QUE RÉVÈLE LA GRAVITÉ

Les roches de densité différente connaissent d'infimes variations de leur attraction gravitationnelle. Equipés d'un poids suspendu à des ressorts, les appareils appelés gravimètres détectent et mesurent ces variations avec une précision de l'ordre du dix-millionième. Celles-ci peuvent révéler la présence de structures comme des dômes de sel ou des masses de roches denses souterraines. Elles permettent aux géologues de compléter l'image de la structure du sous-sol d'une région donnée.

LA PRODUCTION PÉTROLIÈRE ET SES ALÉAS

La localisation d'un gisement n'est que le premier stade de l'exploitation pétrolière. La compagnie exploitante doit obtenir les droits de forage et s'assurer que son impact sur l'environnement sera acceptable. Ces démarches peuvent prendre des années. Lorsqu'elle obtient enfin le feu vert, le forage d'exploration commence. La procédure peut varier, mais le principe consiste à creuser à la verticale du gisement. On insère un tubage en béton dans le puits nouvellement foré pour le renforcer, puis on pratique des petits trous dans le revêtement près du fond, qui laisseront passer le pétrole. La tête du puits, à sa sortie de terre, est équipée d'une installation de contrôle et de sécurité appelée « arbre de Noël ».

PRESSION INCONTRÔLÉE

Sous terre, le pétrole est sous haute pression. Si les valves de sécurité d'un puits ne sont pas correctement posées, sa mise soudaine en pression peut provoquer une éruption : un mélange de pétrole, de gaz, de sable, de boue et d'eau remonte dans le puits, parfois à une vitesse quasi supersonique. Le jet peut s'élever dans les airs jusqu'à 60 m de hauteur.

UN FORAGE MENÉ À BIEN

Ce que l'on voit d'un puits de pétrole au-dessus de terre est la plate-forme de forage, dominée par la tour métallique appelée derrick qui supporte la foreuse. Les installations comprennent des génératrices fournissant l'énergie, des pompes pour faire circuler un fluide spécial appelé boue de forage et des mécanismes qui reçoivent et font tourner la foreuse. Le puits, en dessous, peut atteindre des milliers de mètres de profondeur. A l'approche du niveau final, les foreurs remontent la foreuse et effectuent des tests pour s'assurer qu'ils peuvent poursuivre les opérations en toute sécurité. Ils font descendre des sondes électroniques reliées aux instruments de surface par des câbles pour effectuer des relevés qui permettront de préciser la nature des formations rocheuses à la base du puits. Une fois tous les tests terminés, la production peut commencer.

LE TRAIN DE TIGES ET LA BOUE DE FORAGE

Forer à des milliers de mètres dans de la roche solide est un travail ardu. Pour atteindre de telles profondeurs, il faut assembler bout à bout, à mesure que l'on creuse, des centaines de tiges de forage, constituant ainsi un long train de tiges. Une boue de forage constituée d'un mélange spécial est injectée en permanence dans la foreuse et autour pour faire office de lubrifiant et réduire les frottements. La boue a également pour effet de refroidir la foreuse, d'équilibrer la pression des roches environnantes, et de remonter les « cuttings », ou déblais de forage, à la surface pour les évacuer.

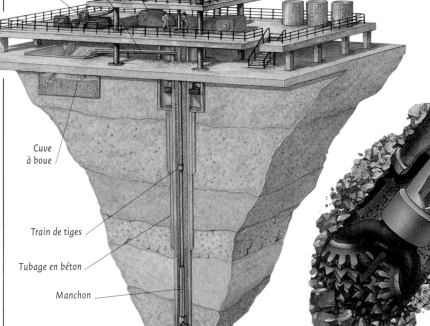

Derrick

Palan mobile permettant la rotation de la foreuse

Colonne d'injection de boue

Génératrices électriques

Conduit de retour de boue

Pompe à boue

Cuve à boue

Train de tiges

Tubage en béton

Manchon

Trépan

La boue de forage est injectée au cœur des tiges de la foreuse.

La boue remonte à l'extérieur des tiges dans le puits de forage, emportant avec elle les déblais.

DES DENTS EN DIAMANT

La tête de forage, à l'extrémité du train de tiges, est constituée par le trépan, qui tourne en permanence et attaque lentement la roche. Les différentes roches appellent différents modèles de trépans. Les dents des roues foreuses sont renforcées par diverses combinaisons d'acier, de carbure de tungstène, de diamant naturel ou synthétique, selon la nature de la roche à percer.

La boue de forage jaillit au niveau du trépan.

RED ADAIR

Paul Neal « Red » Adair (1915-2004) était mondialement célèbre pour ses exploits en tant que pompier des puits de pétrole. Le Texan se fit notamment remarquer par une intervention lors d'un incendie sur un puits dans le désert du Sahara en 1962, un haut fait relaté en 1968 par John Wayne dans son film *Les Feux de l'Enfer*. Lorsque les puits de pétrole au Koweit furent incendiés lors de la Première Guerre du Golfe en 1991, ce fut encore le vétéran Red Adair, alors âgé de 77 ans, qui fut appelé à l'aide pour les éteindre.

Incendie alimenté par le pétrole et le gaz sous pression

Un écran protège les pompiers luttant contre l'incendie.

UNE FONTAINE DE FEU

La force d'une éruption peut être si énorme qu'elle détruit toutes les installations de la plateforme de forage. L'amélioration des techniques de forage a rendu ces incidents beaucoup plus rares qu'ils ne l'étaient jadis, mais il s'en produit encore de temps en temps. Et si le jet d'hydrocarbures prend feu, il entraîne un violent incendie difficile à éteindre. Heureusement, il n'en survient plus aujourd'hui qu'une poignée par an dans le monde.

DANS LE CAMBOUIS JUSQU'AU COU

Un tête de puits est toujours équipée d'un BOP (bloc d'obturation de puits), élément indispensable de sécurité prévenant toute éruption incontrôlée. Bien que cela soit rare aujourd'hui, une défaillance peut toutefois survenir. L'équipe de forage perd le contrôle du flux de pétrole et de gaz et se retrouve face à une éruption. Lorsque cela se produit, le puits doit être obturé le plus vite possible.

LES PLATES-FORMES PÉTROLIÈRES OFFSHORE

De grosses réserves de pétrole existent sous le plancher des océans. Pour les exploiter, on installe en haute mer des plates-formes accueillant des foreuses dont la tête plonge dans la roche du fond marin. Le pétrole est envoyé à terre par des oléoducs ou bien il est stocké dans des installations flottantes avant d'être transféré dans des bateaux pétroliers. Ces plates-formes dites offshore (« au large », en anglais) sont des structures gigantesques. Beaucoup sont posées sur le fond marin sur des pieds qui s'enfoncent à des centaines de mètres sous l'eau. Ainsi, la plate-forme *Petronius*, dans le golfe du Mexique, est la plus haute structure du monde, atteignant 610 m au-dessus du fond marin. De telles structures doivent être extrêmement robustes, pour résister aux tempêtes de haute mer.

CATASTROPHES EN HAUTE MER

Le milieu hostile de la haute mer et la manipulation de matières inflammables font de l'exploitation pétrolière offshore une activité à haut risque. Les incidents graves sont rares mais se produisent parfois. La plate-forme P-36, ci-contre, a coulé au large des côtes du Brésil en 2001, suite à des explosions dues à une fuite de gaz. Après la catastrophe de la plate-forme Piper Alpha, dans la mer du Nord en 1988, qui fit 167 victimes, on commença à loger les ouvriers dans des quartiers flottants séparés. Ceux-ci offrent une certaine protection au personnel au repos au moment où survient le désastre.

Industrie pétrolière

Des hélicoptères assurent les allées et venues du personnel entre la plate-forme et la terre.

La fraction non utilisable des gaz extraits avec le pétrole est brûlée à titre de précaution.

Bateaux de sauvetage à l'épreuve du feu

Helideck

Le derrick est une tour métallique qui supporte le matériel de forage.

Le train de tiges est constitué de sections de tubes d'acier de 10 m de long. Le trépan est fixé à l'extrémité.

UNE MAINTENANCE RIGOUREUSE

Tout défaut dans la structure d'une plate-forme – tel que des pièces dont les fixations s'affaiblissent ou bien qui sont altérées par la rouille – est susceptible de provoquer un désastre. Les ingénieurs de maintenance doivent exercer leur vigilance 24 heures sur 24, à l'affût du moindre problème. On en voit ici qui descendent en rappel depuis la plate-forme pour inspecter l'état des piliers après une forte tempête.

Des grues hissent le ravitaillement apporté par bateau.

En cas d'incendie, des bateaux pompiers peuvent projeter des milliers de litres d'eau à la minute sur les flammes.

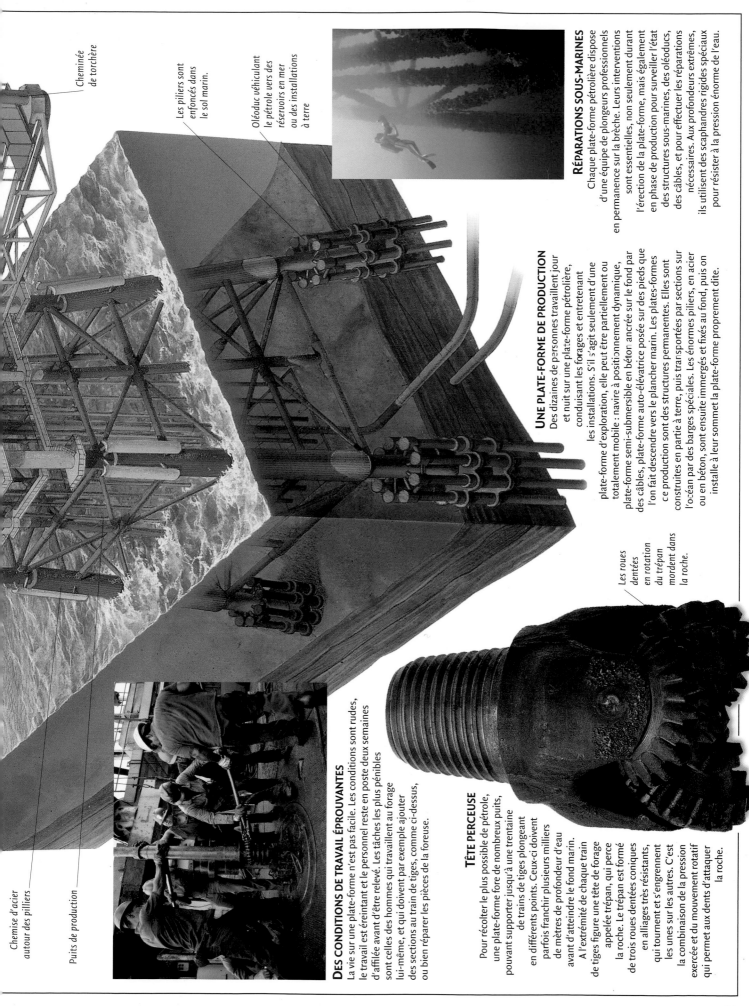

Cheminée de torchère

Les piliers sont enfoncés dans le sol marin.

Oléoduc véhiculant le pétrole vers des réservoirs en mer ou des installations à terre

Chemise d'acier autour des piliers

Puits de production

Les roues dentées en rotation du trépan mordent dans la roche.

RÉPARATIONS SOUS-MARINES

Chaque plate-forme pétrolière dispose d'une équipe de plongeurs professionnels en permanence sur la brèche. Leurs interventions sont essentielles, non seulement durant l'érection de la plate-forme, mais également en phase de production pour surveiller l'état des structures sous-marines, des oléoducs, des câbles, et pour effectuer les réparations nécessaires. Aux profondeurs extrêmes, ils utilisent des scaphandres rigides spéciaux pour résister à la pression énorme de l'eau.

UNE PLATE-FORME DE PRODUCTION

Des dizaines de personnes travaillent jour et nuit sur une plate-forme pétrolière, conduisant les forages et entretenant les installations. S'il s'agit seulement d'une plate-forme d'exploration, elle peut être partiellement ou totalement mobile : navire à positionnement dynamique, plate-forme semi-submersible en béton ancrée sur le fond par des câbles, plate-forme auto-élévatrice posée sur des pieds que l'on fait descendre vers le plancher marin. Les plates-formes de production sont des structures permanentes. Elles sont construites en partie à terre, puis transportées par sections sur l'océan par des barges spéciales. Les énormes piliers, en acier ou en béton, sont ensuite immergés et fixés au fond, puis on installe à leur sommet la plate-forme proprement dite.

DES CONDITIONS DE TRAVAIL ÉPROUVANTES

La vie sur une plate-forme n'est pas facile. Les conditions sont rudes, le travail est éreintant et le personnel reste en poste deux semaines d'affilée avant d'être relevé. Les tâches les plus pénibles sont celles des hommes qui travaillent au forage lui-même, et qui doivent par exemple ajouter des sections au train de tiges, comme ci-dessus, ou bien réparer les pièces de la foreuse.

TÊTE PERCEUSE

Pour récolter le plus possible de pétrole, une plate-forme fore de nombreux puits, pouvant supporter jusqu'à une trentaine de trains de tiges plongeant en différents points. Ceux-ci doivent parfois franchir plusieurs milliers de mètres de profondeur d'eau avant d'atteindre le fond marin. À l'extrémité de chaque train de tiges figure une tête de forage appelée trépan, qui perce la roche. Le trépan est formé de trois roues dentées coniques en alliages très résistants, qui tournent et s'engrènent les unes sur les autres. C'est la combinaison de la pression exercée et du mouvement rotatif qui permet aux dents d'attaquer la roche.

LES OLÉODUCS : DE L'OR NOIR À PLEINS TUYAUX

Au début de l'industrie pétrolière, le pétrole était transporté laborieusement dans des tonneaux en bois. Mais les compagnies réalisèrent bien vite que la meilleure façon de déplacer le précieux liquide était de le faire circuler dans des tuyaux. Il existe de nos jours, dans le monde entier, sur terre et sous la mer, de vastes réseaux de ces grosses canalisations appelées oléoducs. Les États-Unis en possèdent à eux seuls 305 000 km. Les oléoducs peuvent véhiculer divers produits pétroliers, parfois en « bains » différents dans un même tuyau, séparés par des bouchons spéciaux. Les plus gros sont les oléoducs emportant le pétrole brut depuis les régions de forage vers les raffineries ou les ports. Certains ont jusqu'à 122 cm de diamètre et plus de 1 600 km de long. Ils sont alimentés par des canalisations plus petites venant des lieux de forage.

L'ART DE LA SOUDURE

La construction d'un oléoduc consiste à assembler des dizaines de milliers de sections de tuyauterie en acier. Chaque joint doit être soudé de manière experte pour prévenir les fuites. La construction elle-même est souvent relativement rapide, toutes les sections étant préfabriquées, mais établir le tracé de l'oléoduc et obtenir l'autorisation de tous les pays et territoires traversés peuvent prendre des années.

DES BOUCHONS DE SERVICE

Chaque oléoduc contient des bouchons racleurs (ou *pigs*, en anglais) qui circulent pour séparer les « bains » de différents produits pétroliers ou pour assurer des tâches d'inspection. Il s'agit, dans ce dernier cas, de robots racleurs (ou *smart pigs*), appareils électroniques sophistiqués disposant d'une batterie de capteurs. Propulsés par le pétrole lui-même, ils glissent dans la canalisation sur des centaines de kilomètres, effectuant des relevés de chaque centimètre carré de la surface interne pour détecter des défauts tels que des points de corrosion.

UN LONG SERPENT MÉTALLIQUE

Achevé en 1977, l'oléoduc Trans-Alaska s'étire sur plus de 1 280 km à travers l'État du Grand Nord américain. Il véhicule du pétrole brut depuis les régions productrices du nord jusqu'au port de Valdez, dans le sud, d'où le pétrole est emporté par bateau dans le monde entier. Les conditions arctiques et la nécessité de franchir des chaînes de montagnes et de larges rivières constituèrent un véritable défi pour les ingénieurs chargés de sa construction. La plupart des oléoducs américains sont souterrains, mais le Trans-Alaska est aérien sur la majeure partie de son parcours à cause du sol gelé en permanence.

L'aérogel est un isolant tellement efficace qu'une mince couche suffit à arrêter la chaleur de cette flamme et à empêcher les allumettes de prendre feu.

LE MEILLEUR DES ISOLANTS

Si le pétrole se refroidit trop, il devient très visqueux et circule très mal dans les canalisations. C'est pourquoi de nombreux oléoducs traversant des régions froides et passant sous la mer sont isolés avec de l'aérogel. Créé à partir d'une gelée spongieuse de silice et de carbone, l'aérogel est le matériau le plus léger du monde car il renferme 99 % d'air. C'est cette particularité qui en fait un si bon isolant.

LES OLÉODUCS ET LA GÉOPOLITIQUE

Les nations européennes souhaitaient un accès aux champs de pétrole de la mer Caspienne afin d'être moins dépendantes du pétrole russe et iranien. C'est pourquoi elles financèrent l'oléoduc Bakou–Tbilisi–Ceyhan. Celui-ci parcourt 1 776 km depuis la mer Caspienne en Azerbaïdjan jusqu'à la côte méditerranéenne de Turquie, via la Géorgie. On voit ici les dirigeants de la Géorgie, de l'Azerbaïdjan et de la Turquie posant lors de l'achèvement des travaux en 2006.

LES RISQUES TECTONIQUES

Les scientifiques surveillent en permanence les moindres secousses sismiques le long de certaines parties des tracés des oléoducs, car un fort tremblement de terre peut fissurer ou briser les canalisations. Celle-ci a été déformée par un séisme à Parkfield, en Californie, aux Etats-Unis. Cette localité est située sur la fameuse faille de San Andreas, où deux plaques formant la croûte terrestre frottent l'une contre l'autre.

Garde surveillant un oléoduc en Arabie Saoudite

UNE MANNE MAL RÉPARTIE

Certains oléoducs traversent des régions pauvres et écologiquement très sensibles, comme ici dans l'île de Sumatra, en Indonésie. Les populations misérables qui vivent le long de ces canalisations n'ont pas accès à la richesse qui s'écoule à l'intérieur. En revanche, leur vie peut être perturbée par la construction de l'oléoduc et d'éventuels incidents après sa mise en service. En certains endroits, des centaines de riverains ont payé de leur vie des explosions dues à des fuites.

LA MENACE TERRORISTE

Le pétrole véhiculé par les oléoducs est vital à tel point qu'il peut devenir la cible des terroristes, d'autant plus que bon nombre d'entre eux traversent des régions politiquement instables, telles que le Moyen-Orient. Pour les protéger de cette menace, en certains endroits, ils sont continuellement surveillés par des gardes armés. Mais la plupart sont beaucoup trop longs pour pouvoir être protégés sur tout leur parcours.

DU PÉTROLE SUR LA MER

Quelque 3 500 pétroliers parcourent en permanence les océans de la planète. Ils emportent le pétrole – essentiellement du brut – partout où l'on en a besoin. Les quantités déplacées par ces navires sont énormes : chaque jour, environ 30 millions de barils circulent ainsi sur les mers. Cela correspond à une fois et demie la consommation quotidienne de pétrole des États-Unis, et quinze fois celle d'un pays comme le Royaume-Uni. Pour se faire une idée du volume de liquide que cela représente, il faut imaginer 2 000 piscines olympiques remplies à ras bord. Grâce aux pétroliers à double coque et aux systèmes de navigation modernes, la majeure partie de ce pétrole peut voyager par mer dans de bonnes conditions de sécurité. Mais des accidents se produisent parfois et le pétrole se déverse alors dans l'océan. Seule une infime fraction de tout le pétrole transporté est ainsi perdue, mais celle-ci peut avoir des conséquences dévastatrices.

Le petit équipage du pétrolier vit et travaille essentiellement dans le château, à l'arrière du bâtiment.

LES SUPERPÉTROLIERS

Qu'on les nomme superpétroliers ou, à l'anglaise, supertankers, ces navires sont, de loin, les plus gros objets mobiles construits par l'homme. Les plus grands, désignés dans le jargon du métier par le sigle ULCC (*Ultra Large Crude Carriers*), dépassent 300 000 tonnes à vide et peuvent transporter des cargaisons de millions de barils de pétrole, représentant des centaines de millions d'euros. Les VLCC (*Very Large Crude Carriers*), plus petits, dépassent tout de même 200 000 tonnes. Curieusement, ces monstres des mers ne nécessitent qu'un petit équipage d'une trentaine de personnes car ils sont entièrement automatisés. Mais avec de telles masses, leur inertie est énorme ! Il leur faut jusqu'à 10 km pour s'arrêter une fois lancés et jusqu'à 4 km pour effectuer un changement de direction.

LES PIONNIERS

En 1861, le voilier américain *Elizabeth Watts* emporta 240 tonnelets de pétrole de Philadelphie en Angleterre. Mais transporter une substance si inflammable dans des tonneaux en bois sur un navire lui-même en bois était une dangereuse entreprise. En 1884, un armateur anglais fit construire spécialement le *Glückauf* (ci-contre), un navire à vapeur à coque en métal muni d'une cuve en acier où l'on embarquait le pétrole. Ce fut le premier pétrolier moderne.

Marée noire

Superpétrolier

L'intérieur de la coque est divisé en plusieurs cuves pour réduire la quantité de pétrole perdue au cas où la coque serait percée.

Remorqueur

Paquebot

LES GÉANTS DES OCÉANS

Les superpétroliers sont des vaisseaux gigantesques à côté desquels les plus gros paquebots font pâle figure. Le plus grand de tous est le *Knock Nevis* (précédemment baptisé *Jahre Viking*). Avec ses 458,40 m de long, c'est le plus gros bateau qui ait jamais navigué. Il pèse 544 763 tonnes à vide, et 825 614 tonnes à pleine charge.

Le gros de la cargaison de pétrole est stocké en dessous de la ligne de flotaison afin de préserver la stabilité du navire à pleine charge.

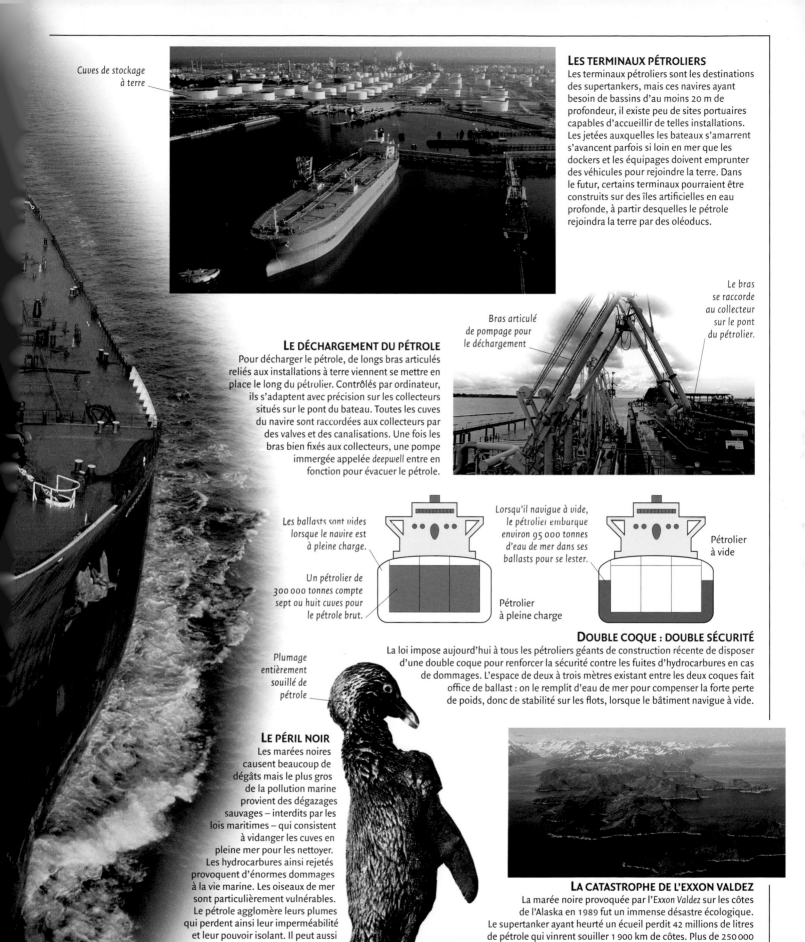

LES TERMINAUX PÉTROLIERS
Les terminaux pétroliers sont les destinations des supertankers, mais ces navires ayant besoin de bassins d'au moins 20 m de profondeur, il existe peu de sites portuaires capables d'accueillir de telles installations. Les jetées auxquelles les bateaux s'amarrent s'avancent parfois si loin en mer que les dockers et les équipages doivent emprunter des véhicules pour rejoindre la terre. Dans le futur, certains terminaux pourraient être construits sur des îles artificielles en eau profonde, à partir desquelles le pétrole rejoindra la terre par des oléoducs.

Cuves de stockage à terre

Bras articulé de pompage pour le déchargement

Le bras se raccorde au collecteur sur le pont du pétrolier.

LE DÉCHARGEMENT DU PÉTROLE
Pour décharger le pétrole, de longs bras articulés reliés aux installations à terre viennent se mettre en place le long du pétrolier. Contrôlés par ordinateur, ils s'adaptent avec précision sur les collecteurs situés sur le pont du bateau. Toutes les cuves du navire sont raccordées aux collecteurs par des valves et des canalisations. Une fois les bras bien fixés aux collecteurs, une pompe immergée appelée *deepwell* entre en fonction pour évacuer le pétrole.

Les ballasts sont vides lorsque le navire est à pleine charge.

Lorsqu'il navigue à vide, le pétrolier embarque environ 95 000 tonnes d'eau de mer dans ses ballasts pour se lester.

Pétrolier à vide

Un pétrolier de 300 000 tonnes compte sept ou huit cuves pour le pétrole brut.

Pétrolier à pleine charge

DOUBLE COQUE : DOUBLE SÉCURITÉ
La loi impose aujourd'hui à tous les pétroliers géants de construction récente de disposer d'une double coque pour renforcer la sécurité contre les fuites d'hydrocarbures en cas de dommages. L'espace de deux à trois mètres existant entre les deux coques fait office de ballast : on le remplit d'eau de mer pour compenser la forte perte de poids, donc de stabilité sur les flots, lorsque le bâtiment navigue à vide.

Plumage entièrement souillé de pétrole

LE PÉRIL NOIR
Les marées noires causent beaucoup de dégâts mais le plus gros de la pollution marine provient des dégazages sauvages – interdits par les lois maritimes – qui consistent à vidanger les cuves en pleine mer pour les nettoyer. Les hydrocarbures ainsi rejetés provoquent d'énormes dommages à la vie marine. Les oiseaux de mer sont particulièrement vulnérables. Le pétrole agglomère leurs plumes qui perdent ainsi leur imperméabilité et leur pouvoir isolant. Il peut aussi réduire leur flottabilité et les oiseaux meurent noyés. Enfin, en essayant de nettoyer leur plumage, ces animaux s'empoisonnent avec le pétrole qu'ils absorbent.

LA CATASTROPHE DE L'EXXON VALDEZ
La marée noire provoquée par l'*Exxon Valdez* sur les côtes de l'Alaska en 1989 fut un immense désastre écologique. Le supertanker ayant heurté un écueil perdit 42 millions de litres de pétrole qui vinrent souiller 1 900 km de côtes. Plus de 250 000 oiseaux marins, 2 800 loutres de mer, 300 phoques et beaucoup d'autres animaux moururent. Les spécialistes pensent que le milieu marin pourrait mettre 30 ans à se rétablir. L'argent versé en dédommagement par la société Exxon Mobil a servi à agrandir le parc national de Kenai Fjords, en Alaska.

LE RAFFINAGE DU PÉTROLE

Pour transformer le pétrole brut en produits utilisables, il faut le traiter dans une raffinerie. Il y est séparé en différents composants : essence, notamment, et des centaines d'autres produits tels que kérozène, mazout, etc. Le raffinage est en fait une combinaison de «distillation fractionnée» et de «craquage». La distillation fractionnée sépare le brut en «fractions» allant des huiles lourdes aux produits légers (gaz) en exploitant leurs densités et leurs points d'ébullition différents. Le craquage convertit les résidus lourds résultant de la distillation en produits légers tels que l'essence en les chauffant sous haute pression afin de «craquer», ou briser, les longues et lourdes chaînes moléculaires des hydrocarbures en molécules plus courtes et plus légères.

DU PÉTROLE EN RÉSERVE

Lorsque le pétrole brut arrive des champs pétrolifères par bateau ou par oléoduc, il est stocké dans des cuves géantes en attente de raffinage. Le volume de pétrole s'exprime généralement en barils, un baril équivalant à 159 litres. Une grande raffinerie peut stocker dans ses cuves environ 12 millions de barils de pétrole brut, assez pour alimenter les Etats-Unis pendant les trois quarts d'une journée.

LES COMPLEXES DE RAFFINAGE

Une raffinerie typique comme celle de Jubail, en Arabie Saoudite (ci-dessous), est un gigantesque complexe de cuves et de canalisations occupant l'équivalent de plusieurs centaines de terrains de football. La tour de fractionnement est située à l'extrême gauche de l'image. Les grandes raffineries fonctionnent en continu, employant 1 000 à 2 000 personnes. L'essentiel de l'activité s'effectue depuis des salles de contrôle. A l'extérieur, les installations sont étonnamment peu animées, marquées seulement par le bruit sourd des machines.

À 20 °C, seuls quatre hydrocarbures subsistent. Le méthane et l'éthane servent en chimie. Le propane et le butane sont mis en bouteille pour les cuisinières, les réchauds et les lampes à gaz.

Les essences se condensent entre 20 et 70 °C. Elles servent surtout de combustible pour les automobiles.

Les naphtas, qui se condensent entre 70 et 160 °C, servent à fabriquer des plastiques et des produits chimiques.

Les kérosènes, qui se condensent entre 160 et 250 °C, servent de combustibles pour les avions, pour le chauffage, en éclairage et comme solvants dans les peintures.

Les gazoles se condensent entre 250 et 350 °C. On en tire le gasoil pour les moteurs Diesel et les centrales thermiques.

Pétrole brut vaporisé à 400 °C introduit dans la tour

LE FRACTIONNEMENT

La distillation fractionnée consiste à chauffer le pétrole brut pour qu'il se vaporise. La vapeur est introduite dans une colonne de fractionnement : une tour de 60 m de haut divisée en étages par des plateaux horizontaux. Les fractions les plus lourdes du pétrole se refroidissent vite, se condensent en liquides et se déposent à la base de la tour. Les fractions moyennes s'élèvent et se condensent sur les plateaux situés à mi-hauteur. Les plus légères, parmi lesquelles l'essence de nos automobiles, s'élèvent jusqu'au sommet avant de se condenser.

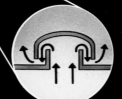

Les gaz s'élèvent dans la tour en passant par des orifices munis de calottes dans les plateaux de fractionnement.

Les hydrocarbures les plus lourds se condensent dès qu'ils pénètrent dans la colonne.

UN PROCESSUS GRADUEL

Dans une tour de fractionnement, la température est contrôlée. Elle décroît progressivement avec la hauteur, de sorte que chaque plateau de fractionnement est moins chaud que ceux situés en dessous. De chaque étage émergent des tuyaux par lesquels s'évacuent les différentes fractions de pétrole à mesure qu'elles se condensent sur les plateaux. Les combustibles légers, comme les gaz, sont récupérés au sommet, les fractions les plus lourdes, appelées résidus, à la base. De là, des canalisations emportent chaque fraction qui le nécessite vers l'étape suivante de raffinage.

LA COKÉFACTION

Les premières raffineries ne transformaient qu'un quart du pétrole brut en essence. De nos jours, plus de la moitié est récupérée sous cette forme et la majeure partie du reste est également transformée en produits utiles. La cokéfaction permet de convertir les résidus, jadis perdus, en produits plus légers comme le gasoil. En fin de processus, il subsiste un résidu de carbone presque pur, le coke de pétrole, qui est vendu comme carburant solide.

LE CRAQUAGE

Certaines fractions du pétrole sortent de la colonne de fractionnement sous une forme utilisable. D'autres rejoignent les unités de craquage catalytique comme celles ci-dessus. Grâce à ces dernières, on parvient à produire de l'essence également à partir des résidus lourds. Pour cela, on les soumet à une chaleur intense (environ 538 °C) en présence d'un composé catalyseur. Ce dernier accélère les réactions chimiques qui brisent les hydrocarbures.

L'ÉNERGIE ET LES TRANSPORTS

Plus de 80 % de la production mondiale de pétrole sont utilisés pour produire de l'énergie. Une petite quantité sert à chauffer les habitations. Une grande quantité est employée à produire la vapeur qui fait tourner les turbines des génératrices d'électricité. La plus grande partie, toutefois, est engloutie par les moyens de transport sous forme d'essence, de gasoil, de mazout et de kérosène. Automobiles, camions, trains, bateaux et engins volants en consomment chaque jour 30 millions de barils.

DES APPAREILS MULTIFONCTIONS

Lorsqu'ils apparurent dans les années 1920, les fourneaux à fioul révolutionnèrent le chauffage dans les habitations. Avant, la chaleur était produite par des cheminées ouvertes et fumantes qui nécessitaient une attention constante et de grosses réserves de bois ou de charbon. Les modèles comme celui illustré ci-dessus combinaient les fonctions de cuisinière et de chauffage et pouvaient aussi produire de l'eau chaude.

LES CENTRALES THERMIQUES

Les centrales au charbon fournissent la moitié de l'électricité mondiale. La contribution du pétrole dans cette production, qui est de moins de un dixième, est en réduction. En revanche, les centrales au gaz naturel produisent aujourd'hui le quart de nos besoins en énergie électrique et leur part ne cesse d'augmenter car elles ont un excellent rendement et sont peu polluantes. Le reste provient du nucléaire et des énergies renouvelables.

1. La soupape d'admission laisse entrer le mélange air-carburant dans le cylindre.

2. En remontant, le piston comprime le mélange gazeux air-carburant.

3. La bougie produit une étincelle qui provoque l'explosion du carburant comprimé. Des gaz chauds sont produits par la combustion.

4. Les gaz chauds se détendent, poussant le piston vers le bas et entraînant le villebrequin.

L'explosion ne se produit pas au même moment dans tous les cylindres afin d'entretenir le mouvement du villebrequin.

LE MOTEUR À COMBUSTION INTERNE

La plupart des automobiles sont propulsées par des moteurs à combustion interne, appelés ainsi parce que le carburant est brûlé à l'intérieur du bloc de propulsion. L'essence pénètre sous forme de gaz (vapeur) dans les cylindres du moteur, puis elle est comprimée par la remontée d'un piston. La compression élève la température des gaz à un point tel qu'ils explosent lorsque survient l'étincelle produite par la bougie. En brûlant, les gaz se détendent rapidement, repoussant le piston dans le cylindre. Le mouvement alterné des pistons (le plus souvent au nombre de quatre), entraîne la rotation du villebrequin, qui transmet son mouvement aux roues par la boîte de vitesses et les arbres de transmission.

Des courroies entraînent le ventilateur et la pompe à eau pour refroidir le moteur.

La G-Wiz a une autonomie de 64 km et une vitesse maximale de 64 km/h environ.

Automobile électrique Reva G-Wiz

UNE VOITURE, DEUX MOTEURS

Pour réduire la consommation de carburant et la pollution, les fabricants d'automobiles ont créé les voitures « hybrides », qui sont équipées de deux moteurs : l'un électrique, l'autre à essence. Elles démarrent sur le moteur électrique qui assure la propulsion en ville et à petite vitesse. Dès que la vitesse dépasse un certain seuil, le moteur à essence prend le relais. Les batteries du moteur électrique sont rechargées en permanence grâce à un générateur et à des systèmes de récupération de l'énergie non consommée. D'autres voitures sont uniquement électriques. Ces dernières, comme la Reva G-Wiz, ci-contre, doivent être rechargées en les branchant sur une prise à la maison.

Beaucoup de zones péri-urbaines sont mal desservies par les transports en commun.

PAS DE RÉSIDENCE SANS ESSENCE

C'est l'automobile individuelle qui a permis aux villes de s'étendre comme jamais auparavant. De fait, les zones résidentielles péri-urbaines (ci-dessus) et les « villes-dortoirs » ne cessent de se développer. On y trouve de l'espace et les habitations et jardins peuvent être vastes. L'inconvénient est que les lieux de travail et les magasins ne se trouvent pas à proximité et qu'il devient difficile de vivre dans ces banlieues sans disposer d'une ou plusieurs automobiles.

Les Formules 1 consomment 250 litres de carburant aux 100 kilomètres et doivent donc souvent s'arrêter pour refaire le plein pendant une course.

LES CARBURANTS DE COMPÉTITION

En variant la proportion des différents hydrocarbures et en ajoutant divers additifs, les compagnies pétrolières peuvent adapter leurs carburants à différents types de moteurs. Les règles de la Formule 1 garantissent l'emploi, dans les voitures de course, de carburants similaires à ceux des voitures ordinaires, mais sous une forme plus volatile assurant de hautes performances. Ce sont des carburants coûteux inutilisables en usage quotidien car ils fatiguent beaucoup trop les moteurs.

GROS TRACTEURS

La plupart des automobiles fonctionnent à l'essence. Les poids lourds, quant à eux, sont équipés de moteurs Diesel qui tournent au gasoil, plus visqueux. Ces moteurs n'ont pas besoin d'étincelle pour assurer l'allumage du carburant. Celui-ci est comprimé si fort et s'échauffe tellement dans les pistons qu'il explose spontanément. Les moteurs Diesel consomment moins de carburant et coûtent moins cher à l'usage que les moteurs à essence, mais ils doivent être plus gros et plus puissants pour fournir le surcroît de compression nécessaire. C'est pourquoi ils sont plus lents à monter en régime, donc en vitesse, et sont par conséquent moins populaires pour les voitures individuelles. Ils ont également l'inconvénient d'être plus polluants.

@ ▸▸ Transports

L'ÉNERGIE DU VOL

Près des trois quarts du pétrole utilisé pour les transports sont employés par les véhicules terrestres, mais la proportion consommée par les appareils volants ne cesse de s'accroître. Un gros avion de ligne peut brûler plus de 77 000 litres de kérosène pour un vol Washington–San Francisco, par exemple. Le kérosène est légèrement différent de l'essence, possédant un « point d'éclair » (température d'allumage) plus élevé que cette dernière, ce qui en fait un carburant plus sûr à transporter.

Les réservoirs de carburant sont situés dans les ailes.

LES INNOMBRABLES DÉRIVÉS DU PÉTROLE

Le pétrole n'est pas uniquement une source d'énergie ; c'est aussi une remarquable matière première. Le riche mélange d'hydrocarbures qui le compose peut être traité de multiples façons en vue d'obtenir des produits dits pétrochimiques. La pétrochimie altère généralement les hydrocarbures d'une manière si radicale qu'il est difficile, à la seule vue des produits résultants, de deviner leur origine. Une gamme étonnante de matériaux et de substances sont obtenus. Ils entrent dans la fabrication d'innombrables objets et produits usuels, des plastiques aux parfums, en passant par les draps de lit, par exemple. Nous utilisons aujourd'hui de nombreux sous-produits du pétrole comme substituts de matériaux naturels, tels le caoutchouc synthétique, et les détergents qui remplacent le savon. Le pétrole a aussi fourni des matériaux entièrement nouveaux comme le Nylon.

PROPRES AVEC LE PÉTROLE

L'eau seule n'enlève pas les taches grasses parce qu'elle est repoussée par les huiles et les graisses. Les détergents y parviennent parce qu'ils contiennent des composés chimiques appelés tensio-actifs, ou surfactants, qui attirent à la fois la graisse et l'eau. Ils se fixent à la saleté et l'entraînent avec l'eau de lavage. La plupart des produits détergents utilisés aujourd'hui ont des bases pétrochimiques, les tensio-actifs employés étant des dérivés du pétrole.

COMMENT VIVRE SANS PÉTROLE ?

Pour montrer à quel point le pétrole est présent dans notre vie d'aujourd'hui, on a demandé à cette famille américaine de poser hors de sa maison avec tous les objets fabriqués à partir de pétrole qu'elle renfermait. En fait, il a fallu pratiquement vider la maison ! Outre les innombrables objets en plastique, on a dû sortir les médicaments, les produits de salle de bains, les produits nettoyants de cuisine, les vêtements en fibres synthétiques, les cosmétiques, les colles, les teintures pour vêtements, les chaussures et beaucoup d'autres objets.

Le rouge à lèvres contient un lubrifiant dérivé du pétrole.

Rouge à lèvres

RESTER BELLE AVEC LE PÉTROLE

Les rouges à lèvres, eyeliners, mascaras, lotions hydratantes et colorants pour les cheveux ne sont que quelques-uns des nombreux produits de beauté d'origine pétrochimique. La plupart des crèmes pour la peau renferment de la vaseline, aussi appelée… gelée de pétrole. Aujourd'hui, certaines marques de cosmétiques qui n'emploient pas de produits à base de pétrole dans leurs gammes utilisent cette particularité comme argument publicitaire.

Eyeliner

Même l'herbe a reçu des engrais à base de produits pétrochimiques !

Pièces d'automobile en plastique dur (polypropylène)

Teintures pour vêtements

Vêtements en fibres synthétiques

Produits de nettoyage

Peintures acryliques

LES FIBRES SYNTHÉTIQUES

Les molécules des composés pétrochimiques peuvent être assemblées pour créer toutes sortes de fibres synthétiques, tels le Nylon, le polyester, le Lycra, chacune ayant ses qualités propres. Cette photo au microscope montre des fibres acryliques (en rouge) comparées à des poils de laine de mouton (en blanc). L'acrylique sèche plus vite que la laine parce que ses fibres sont lisses et retiennent donc moins les gouttes d'eau.

Fibre acrylique synthétique

Fibre de laine naturelle

DANS LA SANTÉ AUSSI

Dès les premiers temps, on a prêté au pétrole des vertus médicinales. Au Moyen Âge, il était employé pour traiter les maladies de peau. De nos jours, il fournit des substances servant à la fabrication de médicaments majeurs tels que les stéroïdes et l'aspirine, qui sont tous deux des hydrocarbures.

Aspirine

Industrie chimique

Coques en plastique des radios, téléviseurs, ordinateurs, etc. (polystyrène)

Coussins en mousse (polyuréthane)

Jouets en plastiques résistants (PVC et PE-HD)

Portes et fenêtres en PVC

Boîtes en plastique alimentaire (polyéthylène)

Verres de lunettes légers (polycarbonate)

Conteneurs incassables (polycarbonate)

Bouillotte (caoutchouc synthétique)

LE PÉTROLE À LA UNE

Même ces journaux doivent en partie leur existence au pétrole. Les encres d'imprimerie, en effet, sont fabriquées à partir de minuscules particules colorées (les pigments) en suspension dans un solvant. Ce solvant est généralement un liquide proche du pétrole lampant obtenu par distillation de pétrole brut. Les peintures et les vernis à ongles utilisent aussi des solvants pétroliers comme bases pour leurs pigments.

DES BOUGIES COLORÉES

On peut fabriquer des bougies à partir de cire d'abeille ou autres cires naturelles, mais les moins coûteuses sont faites avec de la paraffine. Cette cire dépourvue d'odeur est obtenue par filtrage du pétrole à travers de l'argile. On le traite ensuite à l'acide sulfurique et l'on peut y ajouter de la couleur pour rendre les bougies plus attrayantes. La paraffine entre également dans la composition des produits lustrants, des crayons et de nombreux autres produits.

Bougie en paraffine

PLASTIQUES ET POLYMÈRES

Les plastiques jouent un rôle majeur dans le monde moderne. Des boîtes alimentaires aux télécommandes électroniques, on en trouve de toutes sortes dans nos habitations. Ces matériaux se caractérisent par le fait qu'ils peuvent être fondus et moulés à la forme souhaitée. Ils doivent cette qualité au fait qu'ils sont constitués de chaînes moléculaires extrêmement longues appelées polymères. Certains sont entièrement naturels, comme la corne et l'ambre. Mais presque tous ceux que nous utilisons aujourd'hui sont fabriqués artificiellement, la majorité à partir du pétrole et du gaz naturel. Les scientifiques sont en effet capables d'utiliser les hydrocarbures du pétrole pour créer une incroyable variété de polymères, non seulement pour produire des plastiques mais aussi des fibres synthétiques et d'autres matériaux.

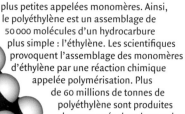

Tabatière du XVIIIe siècle en écaille de tortue

DES POLYMÈRES NATURELS

Jadis, on fabriquait des boutons, des poignées, des peignes et des boîtes avec des polymères naturels comme le *shellac*, ou gomme-laque (sécrétion de la cochenille à laque), ou l'écaille de tortue (surtout celle de la tortue imbriquée). Une boîte en écaille de tortue comme celle-ci était fabriquée en chauffant l'écaille pour la faire fondre, et en la laissant refroidir et se solidifier dans un moule.

LES PLASTIQUES COURANTS

Les molécules d'hydrocarbures peuvent être assemblées de différentes manières pour former des centaines de polymères plastiques différents, chacun ayant ses qualités propres. Lorsque les chaînes de polymères sont assemblées solidement les unes aux autres, le matériau résultant est dur, comme le polycarbonate, par exemple. Lorsque les chaînes glissent facilement les unes sur les autres, le plastique est souple comme le polyéthylène. Les fabricants ont ainsi le choix d'une vaste gamme de plastiques adaptés à chaque besoin.

LA FABRICATION DES POLYMÈRES

Les polymères sont de longues chaînes moléculaires constituées de molécules plus petites appelées monomères. Ainsi, le polyéthylène est un assemblage de 50 000 molécules d'un hydrocarbure plus simple : l'éthylène. Les scientifiques provoquent l'assemblage des monomères d'éthylène par une réaction chimique appelée polymérisation. Plus de 60 millions de tonnes de polyéthylène sont produites chaque année dans le monde.

Chaque monomère d'éthylène de la chaîne est constitué de deux atomes d'hydrogène (en blanc) et de deux atomes de carbone (en noir).

Un polymère de polyéthylène

Téléphone en bakélite

LES PREMIERS PLASTIQUES

Le premier plastique semi-synthétique, appelé parkésine, fut créé par Alexander Parkes (1813-1890) en 1861. Celui-ci l'obtint en modifiant la cellulose, polymère naturel présent dans les végétaux. Mais l'ère des plastiques modernes débuta vraiment en 1907, lorsque Leo Baekeland (1863-1944) découvrit comment fabriquer de nouveaux polymères par des réactions chimiques. Sa révolutionnaire bakélite était obtenue en faisant réagir du phénol et du formaldéhyde sous pression et sous haute température. La bakélite eut de nombreux usages, des propulseurs d'avions aux bijoux et boutons de porte, mais c'est dans la fabrication des coques d'appareils électriques qu'elle connut son plus grand succès car c'est un excellent isolant.

LE POLYÉTHYLÈNE

A la fois robuste et souple, le polyéthylène est l'un des plastiques les plus polyvalents et les plus largement employés. Créé par la société ICI en 1933, c'est aussi l'un des plus anciens. La plupart des bouteilles en plastique sont en polyéthylène.

LE PE-HD

Il existe de nombreux types de polyéthylène. Le PE-HD (polyéthylène haute densité) est une forme particulièrement dense et dure souvent utilisée pour fabriquer des jouets, pichets, bouteilles de détergents et poubelles.

LE PE-LD

Dans le PE-LD (polyéthylène de basse densité), l'assemblage des polymères et très lâche, donnant un plastique très léger et très souple. Le film transparent de PE-LD est largement utilisé pour emballer le pain et comme film alimentaire de cuisine.

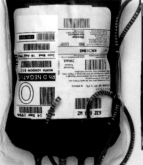

LE PVC

Le PVC (polychlorure de vinyle), l'un des plastiques les plus durs, sert à fabriquer des tuyaux et des huisseries. Ramolli par des agents plastifiants, on en fait aussi des chaussures, des bouteilles de shampooing, des poches de sang médicales, etc.

LE POLYPROPYLÈNE

Résistant à la plupart des solvants et acides, le polypropylène sert souvent à la fabrication de bouteilles de médicaments et de produits chimiques. On en fait aussi le film photographique puisqu'il n'est pas attaqué par les produits de développement.

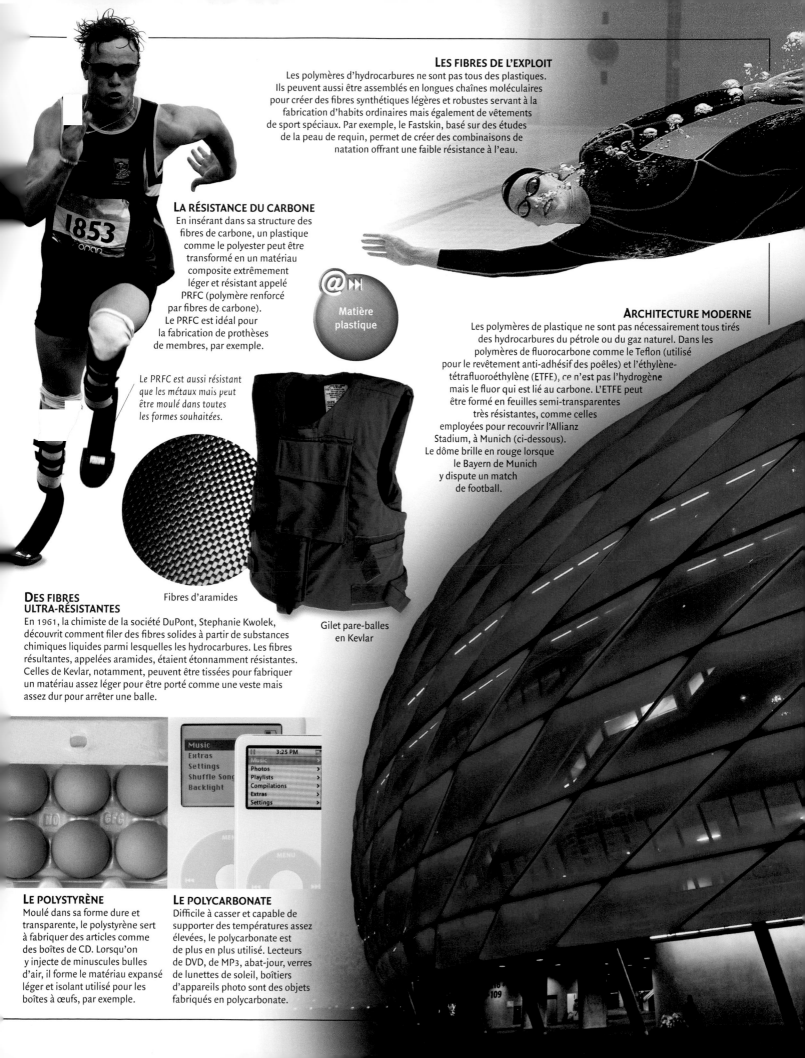

LES FIBRES DE L'EXPLOIT

Les polymères d'hydrocarbures ne sont pas tous des plastiques. Ils peuvent aussi être assemblés en longues chaînes moléculaires pour créer des fibres synthétiques légères et robustes servant à la fabrication d'habits ordinaires mais également de vêtements de sport spéciaux. Par exemple, le Fastskin, basé sur des études de la peau de requin, permet de créer des combinaisons de natation offrant une faible résistance à l'eau.

LA RÉSISTANCE DU CARBONE

En insérant dans sa structure des fibres de carbone, un plastique comme le polyester peut être transformé en un matériau composite extrêmement léger et résistant appelé PRFC (polymère renforcé par fibres de carbone). Le PRFC est idéal pour la fabrication de prothèses de membres, par exemple.

Matière plastique

Le PRFC est aussi résistant que les métaux mais peut être moulé dans toutes les formes souhaitées.

ARCHITECTURE MODERNE

Les polymères de plastique ne sont pas nécessairement tous tirés des hydrocarbures du pétrole ou du gaz naturel. Dans les polymères de fluorocarbone comme le Teflon (utilisé pour le revêtement anti-adhésif des poêles) et l'éthylène-tétrafluoroéthylène (ETFE), ce n'est pas l'hydrogène mais le fluor qui est lié au carbone. L'ETFE peut être formé en feuilles semi-transparentes très résistantes, comme celles employées pour recouvrir l'Allianz Stadium, à Munich (ci-dessous). Le dôme brille en rouge lorsque le Bayern de Munich y dispute un match de football.

Fibres d'aramides

DES FIBRES ULTRA-RÉSISTANTES

En 1961, la chimiste de la société DuPont, Stephanie Kwolek, découvrit comment filer des fibres solides à partir de substances chimiques liquides parmi lesquelles les hydrocarbures. Les fibres résultantes, appelées aramides, étaient étonnamment résistantes. Celles de Kevlar, notamment, peuvent être tissées pour fabriquer un matériau assez léger pour être porté comme une veste mais assez dur pour arrêter une balle.

Gilet pare-balles en Kevlar

LE POLYSTYRÈNE

Moulé dans sa forme dure et transparente, le polystyrène sert à fabriquer des articles comme des boîtes de CD. Lorsqu'on y injecte de minuscules bulles d'air, il forme le matériau expansé léger et isolant utilisé pour les boîtes à œufs, par exemple.

LE POLYCARBONATE

Difficile à casser et capable de supporter des températures assez élevées, le polycarbonate est de plus en plus utilisé. Lecteurs de DVD, de MP3, abat-jour, verres de lunettes de soleil, boîtiers d'appareils photo sont des objets fabriqués en polycarbonate.

LES FORTUNES DU PÉTROLE

Le pétrole a rendu certaines personnes milliardaires, a permis aux compagnies de réaliser d'énormes bénéfices et a transformé des pays pauvres en eldorados. Dès les débuts de l'exploitation pétrolière, au XIXe siècle, des fortunes se sont faites pratiquement en un jour. À Bakou, il y eut Hadji Taghiyev (1823-1924). Aux États-Unis, le premier millionnaire du pétrole fut Jonathan Watson (1819-1894) à Titusville, là où Drake fora le premier puits américain (voir p.12). Puis vinrent les grandes dynasties pétrolières de John D. Rockefeller (1839-1937) et Edward Harkness (1874-1940) et, plus tard, les Texans Haroldson Hunt (1889-1974) et Jean Paul Getty (1892-1976). Chacun fut, tour à tour, déclaré l'homme le plus riche du monde. À la fin du XXe siècle, ce sont les cheikhs arabes qui ont acquis la célébrité grâce à leur richesse. Et aujourd'hui, c'est au tour des patrons russes.

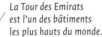

LE PREMIER GÉANT DU PÉTROLE

Standard Oil débuta sous la forme d'une petite compagnie de raffinage à Cleveland, dans l'Ohio, aux Etats-Unis. Mais elle grandit très vite pour devenir la première compagnie géante du pétrole et fit la fortune de Rockefeller et Harkness. Dans les années 1920 et 1930, elle devint célèbre sous le nom de Esso. Les stations-service de la marque (ci-dessus) fleurirent sur les bords de nos routes et existent encore de nos jours. La compagnie s'appelle aujourd'hui Exxon Mobil et reste la toute première des géantes du pétrole.

La Tour des Emirats est l'un des bâtiments les plus hauts du monde.

LES ROIS DU PÉTROLE

Les énormes réserves de pétrole du Moyen-Orient ont rendu bon nombre de sheikhs arabes immensément riches, mais aucun plus que le cheikh Zayed bin Sultan Al Nahyan (1918-2004). Cet homme fut l'un des plus riches de tous les temps, sa fortune ayant été estimée à plus de 30 milliards d'euros. Populaire et généreux, il devint le premier président des Emirats arabes unis.

LES TOURS DU PÉTROLE

La manne pétrolière a complètement transformé l'Arabie Saoudite et les autres Etats du golfe Persique. Il y a un demi-siècle, il s'agissait de pays pauvres où des tribus nomades du désert vivaient simplement, comme elles l'avaient fait depuis des millénaires. Aujourd'hui, l'économie de ces Etats est en plein essor et de grandes villes modernes comme Dubai City (ci-dessous), dans les Emirats arabes unis, se dressent parmi les sables.

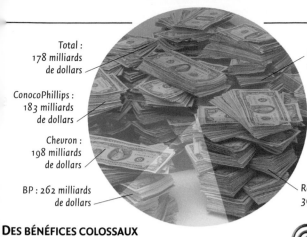

Total :
178 milliards
de dollars

Exxon Mobil : 371 milliards
de dollars

ConocoPhillips :
183 milliards
de dollars

Chevron :
198 milliards
de dollars

BP : 262 milliards
de dollars

Bénéfices
des grandes
compagnies
pétrolières
en 2005

Royal Dutch Shell :
307 milliards de dollars

Économie

Michael Ballack, joueur de Chelsea

Roman Abramovich

DES BÉNÉFICES COLOSSAUX

Il existe dans le monde des milliers de compagnies pétrolières commerciales de tailles diverses. Exxon Mobil devint la plus grosse en 2005. Les bénéfices combinés des six géants du pétrole ont atteint cette même année le chiffre impressionnant de 1 500 milliards de dollars, ce qui équivaut presque à l'économie de la Russie tout entière.

LES NOUVEAUX RICHES

Lorsque l'Union soviétique éclata au cours des années 1990, de nombreuses compagnies pétrolières et gazières d'Etat furent revendues à bas prix. Des investisseurs russes avisés tels Mikhail Khodorkovsky et Roman Abramovich, les rachetèrent et devinrent milliardaires. Abramovich mit sa fortune à profit pour racheter l'équipe de football de Chelsea, à Londres, ce qui fit de lui une célébrité et assura le succès du club.

Cadillac Eldorado décapotable de 1959

DES GOUFFRES À ESSENCE

Aux Etats-Unis, les réserves apparemment inépuisables de pétrole peu coûteux permettaient à chacun de profiter des bienfaits de l'or noir et même les gens ordinaires pouvaient s'acheter de grosses voitures. Entre les années 1950 et 1970, beaucoup d'Américains roulaient à bord d'automobiles gigantesques comme cette Cadillac de 1959. Aujourd'hui, les gens sont plus attentifs à leurs dépenses en carburant et la taille des véhicules a diminué. Les grosses voitures restent cependant les symboles de l'aisance sociale et financière.

LES EXCLUS DU SYSTÈME

Tous les gouvernements ne garantissent pas une juste redistribution des bénéfices du pétrole. Dans certains pays en voie de développement, la misère des populations locales est parfois criante. Ainsi, dans la ville pétrolière d'Afiesere, au Nigeria, les gens pauvres de l'ethnie Urohobo ont pris l'habitude de faire cuire leur nourriture dans les flammes d'une conduite de gaz (ci-dessus). L'exposition aux polluants entraîne chez eux de graves problèmes de santé et réduit leur durée de vie.

Cellules solaires BP aux Philippines

En 2000, BP a changé de logo pour une fleur.

LE VIRAGE AU VERT

Toutes les formes de pollution dues au pétrole lui valent aujourd'hui une mauvaise réputation. Ces dernières années, certaines compagnies se sont beaucoup attachées à se forger une image plus propre et plus «verte», et ont commencé à investir dans les énergies alternatives. BP, par exemple, détient aujourd'hui une bonne part du marché des cellules solaires. Cette compagnie a participé au plus gros programme solaire mis en place à ce jour, pour alimenter des villages isolés aux Philippines.

LES GUERRES DU PÉTROLE

Le pétrole est, de nos jours, absolument essentiel à la prospérité d'une nation, fournissant l'énergie sans laquelle rien – ni les transports ni aucune industrie – ne pourrait fonctionner. Il permet également de se défendre puisqu'il propulse la plupart des engins militaires. Il n'est donc pas surprenant que le pétrole se soit trouvé au cœur de nombreux conflits au cours du XXe siècle et qu'il reste l'élément clé de nombreux enjeux géopolitiques. Les énormes réserves pétrolières de pays comme l'Iran et l'Irak, au Moyen-Orient, placent régulièrement ces derniers à la une de l'information mondiale et en font une source d'inquiétude pour le monde entier. Mais aujourd'hui, l'exploitation de réserves en Russie, au Venezuela, au Nigeria et dans d'autres pays rend les politiques du pétrole encore plus complexes.

LA MARINE AU PÉTROLE

La géante BP fut fondée en 1908 sous le nom de Anglo-Persian Oil Company, après la découverte de pétrole en Iran. Elle fut la première à exploiter le pétrole du Moyen-Orient. Celui-ci fut déterminant pour la Grande-Bretagne durant la Première Guerre mondiale (1914-1918) car ses navires propulsés au pétrole l'emportèrent sur les navires allemands qui marchaient au charbon.

UNE CHUTE PRÉCIPITÉE

Mohammed Mossadegh (1882-1967) fut le populaire et démocratiquement élu Premier ministre d'Iran de 1951 à 1953. Il devait être renversé par un coup d'Etat soutenu par les Etats-Unis et la Grande-Bretagne après qu'il eût nationalisé les avoirs de l' Anglo-Iranian Oil Company (antérieurement l'Anglo-Persian Oil Company, voir ci-dessus).

Le cheikh Yamani était réputé pour ses dons de négociateur.

UN LEADER DU PÉTROLE

Dans les années 1960, les principaux pays producteurs de pétrole, et en premier lieu ceux du Moyen-Orient, constituèrent l'OPEP (Organisation des Pays Exportateurs de Pétrole) afin de défendre leurs intérêts. Le cheikh Yamani (né en 1930), d'Arabie Saoudite, en fut durant 25 ans un dirigeant éminent. Il est connu pour son rôle dans la crise du pétrole de 1973, lorsqu'il persuada l'OPEP de quadrupler ses prix.

LA CRISE DU PÉTROLE ET LA GUERRE DU KIPPOUR

En 1973, une guerre éclata entre Israël et les forces arabes menées par la Syrie et l'Egypte. L'OPEP interrompit ses exportations de pétrole vers les pays d'Amérique et d'Europe soutenant Israël. Cela entraîna de graves pénuries d'essence en Occident, qui se fournissait depuis longtemps au Moyen-Orient, et de longues queues aux stations-service. Aux Etats-Unis, on servait l'essence un jour sur deux selon les numéros d'immatriculation pairs ou impairs des véhicules.

Bidon d'essence

LES FEUX DE LA GUERRE

Le pétrole est au cœur des guerres qui ont embrasé la région du golfe Persique ces 25 dernières années. Lorsque le dictateur irakien Saddam Hussein envahit le Koweit en 1990, il prétendit que ce pays avait puisé dans les champs de pétrole de l'Irak. Les Etats-Unis et ses alliés intervinrent pour libérer le Koweit et sécuriser leurs approvisionnements en pétrole. Dans leur retraite, les troupes irakiennes incendièrent la plupart des puits de pétrole koweitiens.

@ ▶▶

Guerre

LA PRÉSENCE MILITAIRE

Les Etats-Unis possèdent plusieurs
grandes bases militaires au Moyen-Orient.
Leur principale mission est de maintenir
des avions et des troupes opérationnelles
pour intervenir dans tout événement
susceptible de perturber la fourniture de
pétrole et de déstabiliser leur économie.
Si certains pays arabes apprécient la
sensation de sécurité apportée par la présence
américaine, ces bases militaires restent une
source de tension dans la région.

F14 Tomcat,
avion de combat
américain

Oussama
Ben Laden

LA BÊTE NOIRE DE L'OCCIDENT

L'organisation terroriste *Al-Qaida*, fondée
par Oussama Ben Laden, est responsable de multiples
attentats dans lesquels de nombreuses personnes
innocentes trouvèrent la mort ces dernières années.
Ben Laden affirme que l'une des raisons de ses attaques
est la volonté de mainmise de l'Occident – en particulier
des Etats-Unis – sur le pétrole du Moyen-Orient,
ainsi que sa présence militaire dans la région.

*L'orange est la couleur
du parti Notre Ukraine.*

LA RÉVOLUTION ORANGE

Disposant de grandes réserves de gaz
et de pétrole, la Russie est la nouvelle
puissance pétrolière mondiale. Dans le
futur, elle pourrait tenter d'utiliser cette
position pour exercer un contrôle sur
ses voisins, comme elle le fit en 2006
lorsqu'elle augmenta subitement le prix
de ses fournitures de gaz en Ukraine.
Certains pensent que cela pourrait
compromettre les acquis de la Révolution
Orange (ci-contre) en 2005, lors de
laquelle les Ukrainiens se prononcèrent
contre l'influence de la Russie dans
les affaires de leur pays.

*Les incendies provoqués
par les troupes irakiennes
au Koweit brulèrent
plusieurs mois durant et
consumèrent un milliard
de barils de pétrole.*

L'ÉVEIL DE LA CHINE

Au rang de plus gros
consommateur de pétrole,
les Etats-Unis pourraient
bientôt être supplantés par
la Chine. L'économie chinoise
connaît en effet actuellement une
expansion étonnante et le nombre
de propriétaires de voitures augmente
trè vite. Or, les ressources pétrolières
du pays sont insuffisantes pour soutenir
cette croissance économique, et la Chine
doit sécuriser ses approvisionnements
de l'étranger. Son arrivée dans le paysage
économique mondial pourrait modifier
radicalement l'équilibre pétrolier international.

LE VÉRITABLE PRIX DU PÉTROLE

Le pétrole procure de réels bienfaits en termes d'énergie et de matériaux mais le prix à payer pour ceux-ci pourrait un jour être exhorbitant. Les températures de notre planète ont toujours connu des fluctuations naturelles, mais il semble aujourd'hui certain que la combustion des énergies fossiles est, sinon la seule, à tout le moins la principale responsable du réchauffement global dont nous commençons à ressentir les effets. Les conséquences pourraient être dévastatrices, apportant sécheresses, inondations et tempêtes violentes. Par ailleurs, le pétrole pollue de diverses façons les rivières et les mers, les terres et l'atmosphère.

@ ▸▸
Pollution

LE MESSAGE DANS LA GLACE

Les preuves du réchauffement global se sont accumulées ces dernières années et peu de scientifiques aujourd'hui doutent qu'il ne survienne. Ce chercheur examine une carotte (colonne) de glace prélevée dans la calotte du Groenland. La glace renferme de minuscules bulles d'air qui y furent piégées au moment où l'eau a gelé. L'analyse des carottes de glace récoltées très profondément donne donc une idée de la concentration des gaz à effet de serre dans l'atmosphère lorsque la glace s'est formée il y a des milliers d'années. Leur taux apparaît plus élevé aujourd'hui qu'il ne l'a été depuis très longtemps.

ALERTE AUX OURAGANS

L'effet de serre réchauffe l'air. Les experts redoutent que cet énorme apport d'énergie rende le climat mondial plus instable à mesure que les températures vont s'élever. Cela ne signifie pas que les tempêtes vont devenir permanentes ; elles risquent simplement d'être plus fréquentes et plus puissantes que jadis. Nous n'en avons bien sûr aucune preuve mais certains pensent que la très mauvaise saison des ouragans qui a frappé les Etats-Unis en 2005, et dont le point culminant fut l'ouragan Katrina, est l'un des premiers symptômes du réchauffement global, de même que la violente tempête qui frappa la France en décembre 1999.

Le rayonnement solaire réchauffe la Terre.

Soleil

L'EFFET DE SERRE

Le rayonnement solaire réchauffe le sol, qui ré-émet ensuite des rayonnements infrarouges vers l'atmosphère. Une grande part de ceux-ci s'échappent dans l'espace, mais une partie est piégée par certains gaz présents dans l'air, tels que le dioxyde de carbone (ou gaz carbonique), la vapeur d'eau et le méthane, qui agissent comme le verre d'une serre. Cet «effet de serre» maintient à la surface de la Terre une température moyenne permettant la vie. Mais la combustion des carburants fossiles a probablement injecté tellement de dioxyde de carbone dans l'atmosphère que celui piège trop de rayons infrarouges, entraînant un réchauffement excessif sur toute la planète.

Gaz à effet de serre enveloppant la Terre

Une part des rayonnements infrarouges ré-emis par le sol s'échappe dans l'espace.

Une part des rayonnements infrarouges est retenue par les gaz à effet de serre, réchauffant la Terre.

LA FONTE DES GLACES

L'une des premières conséquences du réchauffement de l'air pourrait être la fonte des calottes polaires. Il s'agit d'une menace pour l'ours polaire mais également pour l'humanité. La fonte complète des glaces des pôles provoquerait en effet l'élévation de plusieurs mètres du niveau des mers, ce qui inonderait de nombreuses grandes villes dans le monde – notamment New York et Londres – et noierait complètement certaines îles basses comme les Maldives. Tous les experts ne sont pas d'accord avec ce scénario mais une chose est sûre : actuellement, les calottes polaires fondent.

UNE ATMOSPHÈRE SOUILLÉE

Outre le fait qu'elle produit du dioxyde de carbone, la consommation de pétrole pollue l'air de plusieurs manières. Par exemple, les automobiles, en brûlant de l'essence, rejettent des hydrocarbures non brûlés. Ceux-ci réagissent avec la lumière pour former, dans les grandes villes comme Los Angeles, un brouillard toxique. Les usines pétrochimiques comme celle ci-dessus constituent une autre source de pollution. Outre les nuages de vapeurs, elles émettent dans l'air, lors du traitement du pétrole, des gaz et des particules diverses.

Inhalateur pour asthmatique

LE DANGER DES SUIES

Dans certains moteurs, en particulier les Diesel, la combustion du carburant n'est pas complète. Les composés non brûlés s'assemblent pour former de minuscules particules de suie noires. Lorsqu'on les respire, les particules pénètrent dans les poumons où elles peuvent déclencher des bronchites, de l'asthme et même des cancers. Les enfants sont particulièrement sensibles aux effets néfastes des suies d'hydrocarbures, que l'on soupçonne d'être à l'origine de l'augmentation des cas d'asthme chez ces derniers.

NETTOYER LES MARÉES NOIRES

Les scientifiques recherchent des moyens de lutter contre les pollutions par le pétrole. Ici, ils expérimentent des fibres végétales spéciales qui pourraient être capables de nettoyer l'eau polluée. Il suffit de les plonger dans l'eau souillée, ici dans le bac de gauche, dans laquelle on a ajouté des composés pétroliers bleus. Dans le bac de droite, la teinte a disparu : les fibres ont absorbé les polluants.

Les fibres absorbent les composés pétroliers.

Eau propre

Composés pétroliers bleus

DES FORÊTS À L'AVENIR SOMBRE

Certaines compagnies recherchent de nouvelles sources de pétrole dans les forêts tropicales, qui abritent plus de la moitié des espèces végétales et animales du monde. Cela pourrait avoir un impact majeur sur ces habitats vulnérables. La forêt disparaît lorsqu'elle est abattue pour effectuer des forages, construire des oléoducs et des voies d'accès. Et ce défrichage y favorise d'autres destructions en encourageant l'installation des villes, de l'agriculture et de l'industrie.

UN ENJEU : RÉDUIRE LA CONSOMMATION DE PÉTROLE

Durant plus d'un siècle, la consommation mondiale de pétrole n'a cessé de croître. Mais dans le futur, nous allons devoir la réduire car nous devrons faire face à une double crise. D'une part, la combustion des carburants fossiles réchauffe le climat et la plupart des experts sont convaincus que nous allons au désastre si nous ne trouvons pas des moyens de réduire notre consommation. D'autre part, nous allons de toute façon vers un appauvrissement des réserves. Beaucoup de spécialistes parlent aujourd'hui du pic de Hubbert, qui est le moment où la production atteindra son maximum avant de commencer à décroître. Le pétrole déjà précieux deviendra alors plus difficile à extraire, plus rare et plus coûteux. Notre dépendance vis-à-vis de celui-ci peut être réduite en adoptant des énergies alternatives, mais il apparaît aussi essentiel de l'économiser.

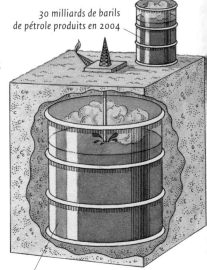

30 milliards de barils de pétrole produits en 2004

1 292 milliards de barils de réserves connues (dont peut-être les trois quarts sont difficiles à atteindre).

L'APPAUVRISSEMENT DES RÉSERVES

Les opinions diffèrent sur la quantité de pétrole exploitable subsistant. Le gouvernement des Etats-Unis prévoit que le volume extrait continuera d'augmenter jusqu'en 2030. Certains experts pensent, au contraire que le pic de production (pic de Hubbert) interviendra dans quelques années ou s'est peut-être même déjà produit. La production des trois plus grands gisements du monde – Cantarell, au Mexique, Burgan, au Koweit et Ghawar, en Arabie Saoudite – a commencé à décliner. Le maintien des niveaux de production actuels dépend donc de la découverte de nouvelles grosses réserves, ou bien de l'emploi de sources comme les sables bitumineux, dont le pétrole est plus difficile à extraire.

Des formes aérodynamiques réduisent la consommation en énergie.

L'énergie humaine qui propulse une bicyclette est renouvelable et non polluante.

AVANCER À LA FORCE DES JAMBES

La façon la plus écologique de se déplacer est la marche ou la bicyclette. De nombreuses villes ont mis en place des pistes cyclables pour rendre le vélo moins dangereux et plus agréable. Mais beaucoup avouent encore prendre leur voiture pour des déplacements qu'ils pourraient aussi bien effectuer à pied ou à bicyclette.

@ ▶▶ Développement durable

On peut faire pousser plus de légumes localement.

PRENDRE LE TRAIN

Au lieu de voyager dans des voitures individuelles, nous pouvons prendre le train, le tramway, le bus ou le métro qui utilisent trois à cinq fois moins d'énergie que les véhicules privés par personne et par kilomètre parcouru. C'est aux Etats-Unis, où moins de 5 % de la population se rendent au travail par les transports en commun, que l'énergie consommée par l'automobile est la plus élevée. Des études on montré que si seulement 10 % des Américains empruntaient régulièrement les transports en commun, les émissions de gaz à effet de serre de ce pays seraient réduites de plus de 25 %.

Les produits locaux sont généralement frais, réduisant les dépenses d'énergie pour la réfrigération.

ACHETER LOCALEMENT

La plupart des aliments vendus dans un supermarché ont parcouru des milliers de kilomètres pour arriver dans les gondoles. Au lieu de se rendre en voiture dans des grandes surfaces pour acheter de la nourriture venant de loin, on réaliserait des économies de carburant en achetant des produits locaux, notamment sur les marchés fermiers où les aliments proviennent des fermes des alentours.

RÉDUIRE LA CONSOMMATION D'ÉNERGIE

Il est possible de réaliser des économies à la maison en consommant moins. Ainsi, baisser le thermostat des radiateurs de seulement un degré épargne beaucoup d'énergie. Ne pas laisser allumées inutilement des ampoules et éteindre téléviseurs et ordinateurs au lieu de les laisser en veille est également bénéfique. Installer des ampoules fluorescentes de basse consommation (ci-contre) permet d'économiser plus encore, car elles consomment 80% d'électricité en moins que des ampoules normales.

Les ampoules de basse consommation consomment moins d'énergie et durent plus longtemps parce qu'elles ne chauffent pas.

La plupart des emballages peuvent être recyclés.

RECYCLER LES DÉCHETS

Il est presque toujours moins coûteux en énergie de fabriquer des objets avec des matériaux recyclés qu'à partir de matières premières. Ainsi, l'aluminium de récupération permet de produire de nouvelles cannettes en consommant 95 % d'énergie en moins que la production à partir de minerai. Le recyclage des plastiques est, quant à lui, moins économe. Il permet néanmoins d'épargner le pétrole car la plupart des plastiques sont fabriqués à partir de celui-ci.

Environ 40 millions de bouteilles en plastique sont jetées tous les jours aux Etats-Unis.

L'inclinaison des fenêtres réduit la perte de chaleur en hiver.

Les fenêtres laissent échapper beaucoup de chaleur.

Seuls les murs épais réduisent au minimum les déperditions de chaleur.

RÉDUIRE LES DÉPERDITIONS DE CHALEUR

En traduisant la température des surfaces, un thermogramme, ou photographie en infrarouge, révèle les déperditions de chaleur d'un bâtiment. Le thermogramme ci-dessus montre que cette maison ancienne perd beaucoup de chaleur par les fenêtres et le toit (zones blanches et jaunes). C'est pourquoi il importe d'utiliser des doubles-vitrages et d'isoler les toitures. De nombreux bâtiments modernes intègrent aujourd'hui des dispositifs d'économie d'énergie. Ainsi, la construction, le design et les formes inhabituelles du City Hall de Londres (ci-contre) contribuent à son isolation. Il consomme 75 % d'énergie en moins qu'un bâtiment conventionnel de même taille.

Thermogramme du City Hall de Londres, en Grande-Bretagne

Des plantes succulentes comme l'orpin sont idéales pour les toits verts car elles supportent la sécheresse et nécessitent très peu de terre.

COUVRIR LES MAISONS DE PLANTES

Dans le futur, de plus en plus de toitures pourraient être, comme celle-ci, couvertes de plantes vivantes telles que des orpins et des graminées. La ville de Chicago, aux Etats-Unis, compte par exemple plus de 250 tours de bureaux possédant des toits verts et chaque nouveau bâtiment public en est équipé. Ces toitures ont non seulement un aspect attrayant, mais elles fournissent surtout un très haut degré d'isolation, empêchant la chaleur d'entrer en été et de sortir en hiver. La consommation d'énergie pour le chauffage et le conditionnement d'air se trouve considérablement réduite.

DES CARBURANTS ALTERNATIFS RENOUVELABLES

Le déclin annoncé des réserves de pétrole et le réchauffement du climat nous incitent à rechercher de nouveaux moyens de propulser nos véhicules. La plupart des grandes marques d'automobiles développent aujourd'hui des voitures « vertes » fonctionnant avec des énergies alternatives. Certains de ces véhicules sont déjà sur le marché, mais la plupart en sont encore au stade expérimental. Ils utilisent quatre principaux types de propulsion : les biocarburants tels que l'éthanol et le méthanol, la propulsion hybride, qui réduit la consommation d'essence en associant un moteur conventionnel et un moteur électrique, la propulsion entièrement électrique, enfin, la pile à combustible qui produit de l'électricité à partir de l'hydrogène.

AVEC LES ORDURES ?
Chaque jour, d'énormes quantités d'ordures sont déversées dans les décharges. Les bactéries qui y décomposent les déchets alimentaires et le papier produisent un gaz composé à 60% de méthane. Les scientifiques recherchent aujourd'hui un moyen de récupérer ce méthane et de l'utiliser comme carburant.

@ »
Biocarburant

DU CARBURANT À PARTIR DES PLANTES
Les biocarburants sont renouvelables car les végétaux à partir desquels ils sont fabriqués peuvent toujours être cultivés pour en produire davantage. Ils sont obtenus, par exemple, en transformant le sucre et l'amidon du maïs et de la canne à sucre en éthanol, ou en convertissant les huiles de soja, de colza, de lin et d'autres plantes en biodiesel. Le méthanol, quant à lui, peut être produit à partir du bois et des déchets fermiers. Toutefois, pour que les biocarburants aient un véritable impact, d'immenses surfaces de terres devraient être cultivées. Par ailleurs, les biocarburants sont à peine moins polluants que les carburants conventionnels et leur production consomme beaucoup d'énergie.

Les graines se dévelopepnt dans des gousses.

Soja

Le maïs renferme des glucides pouvant être transformés en éthanol.

Les graines renferment une huile très énergétique.

Lin

Maïs

Colza

UN RISQUE POUR LA VIE SAUVAGE
L'extension des terres cultivées pour produire des biocarburants pourrait constituer un danger pour les espèces sauvages. L'agriculture intensive est déjà une menace pour les oiseaux nichant au sol, comme les alouettes (ci-dessus), qui ont du mal à trouver des sites de nidification et des insectes pour nourrir leurs nichées à cause de l'emploi des insecticides.

DU MÉTHANOL À L'HYDROGÈNE

L'un des problèmes avec les voitures propulsées par des piles à combustible hydrogène est qu'il existe à l'heure actuelle très peu de stations-service adaptées pour fournir de l'hydrogène. En attendant que ces dernières se multiplient, ces automobiles devront fabriquer elles-mêmes leur hydrogène en l'extrayant d'autres carburants. La Necar 5 de Daimler-Chrysler utilise le méthanol comme source d'hydrogène. Celui-ci peut être facilement fourni par des pompes dans des stations-service classiques.

La Necar 5, véhicule expérimental de Daimler-Chrysler

A l'intérieur du convertisseur, l'huile végétale est diluée avec une substance appelée lessive.

La pile à combustible est remplie de méthanol grâce à une recharge.

LE TÉLÉPHONE AU MÉTHANOL

La batterie d'un téléphone mobile doit être rechargée sur le secteur au bout de quelques heures d'utilisation. Mais les chercheurs sont en train de mettre au point de minuscules piles à combustible générant leur propre électricité à partir de méthanol. Actuellement, toutefois, il revient moins cher de fabriquer le méthanol à partir du gaz naturel qu'à partir des plantes. Son emploi ne nous affranchirait donc pas, pour l'heure, de la dépendance des carburants fossiles.

Le biodiesel s'écoule à la base du convertisseur.

DE LA FRITURE DANS LE RÉSERVOIR

Un moteur de voiture peut être modifié pour fonctionner à l'huile de cuisine, neuve ou usagée (huile de friture). Malheureusement, le secteur de la restauration, susceptible de fournir l'huile de friture, n'en produit pas en quantité suffisante. Par ailleurs, comme dans le cas des biocarburants, cultiver des plantes pour produire l'huile nécessiterait la mise en culture d'immenses surfaces agricoles.

À L'EAU ET À LA LUMIÈRE SOLAIRE

Il se pourrait qu'un jour, toutes les automobiles soient propulsées à l'hydrogène, soit par l'intermédiaire de piles à combustible, soit, comme ce véhicule expérimental BMW H2R, grâce à un moteur à combustion interne traditionnel adapté pour fonctionner avec ce type de carburant. Ces voitures ne produiront aucun gaz d'échappement dangereux. Le gaz qui les propulsera pourrait être produit en utilisant l'énergie solaire pour dissocier les molécules d'eau en hydrogène et en oxygène. Les voitures rouleraient donc vraiment à l'eau et au soleil, des ressources totalement renouvelables.

UNE RAFFINERIE PRIVÉE

Des appareils simples comme celui-ci transforment les huiles végétales en un carburant appelé biodiesel, ou biogazole, qui est un peu moins polluant que le gazole conventionnel. Dans les pays chauds, le biodiesel peut être utilisé dans les moteurs Diesel ordinaires. Sous les climats plus froids, il doit être mélangé à du gazole ordinaire.

BMW H2R

LA PUISSANCE DU VENT

Durant des millénaires, l'homme a mis à profit la force du vent pour propulser des bateaux à voiles et faire tourner des moulins qui broyaient le grain ou pompaient l'eau du sol. Cette énergie connaît aujourd'hui un regain d'intérêt grâce aux turbines éoliennes, qui utilisent le vent pour produire de l'électricité. Certes, celui-ci ne souffle pas toujours lorsque l'on a besoin de lui mais c'est une source d'énergie propre, renouvelable et – une fois les éoliennes construites – très peu coûteuse. De toutes les formes d'énergie alternatives, c'est celle qui connaît le plus fort développement. Elle ne génère pour l'heure que 1 % de l'électricité mondiale, mais elle est en plein essor dans des pays comme le Danemark et l'Allemagne, où des fermes éoliennes sortent de terre en grand nombre.

UNE ÉOLIENNE À LA MAISON

Dans le futur, un nombre croissant de maisons sont susceptibles de disposer d'une petite turbine éolienne privée. Ces génératrices de taille modeste ne couvriront pas tous les besoins en électricité d'une habitation, mais elles pourraient réduire le recours à d'autres sources. Elles sont, pour l'heure, encore coûteuses et assez bruyantes, mais les progrès en cours les rendront plus abordables et silencieuses.

DES TURBINES OFFSHORE

Comme il n'est pas facile de trouver à terre des sites appropriés où soufflent des vents forts et soutenus, les turbines éoliennes sont parfois construites en mer. Mais leur installation est difficile et coûteuse. Le pied qui les supporte doit être plus haut qu'à terre parce qu'il repose sur le fond marin et il faut couler des fondations sous-marines.

Un système de girouette oriente l'éolienne de sorte qu'elle se trouve toujours dans le sens du vent.

POMPÉE PAR LE VENT

Les fameux «moulins» de Hollande n'étaient pas vraiment des moulins mais des pompes pour drainer l'eau des terres basses. Dans les fermes d'Amérique du Nord aussi, on mettait à profit la force du vent. Elle servait à puiser l'eau du sous-sol, le plus souvent pour donner à boire au bétail. Mais au lieu de quatre grandes ailes, les Américains utilisaient l'éolienne classique, constituée d'une roue munie de nombreuses petites ailettes inclinées, comme on le voit ici.

Le dispositif pouvait être installé sur un toit afin de bien prendre le vent.

Les turbines éoliennes ressemblent à des hélices d'avion.

Énergie renouvelable

Certains moulins avaient des ailes garnies de toile comme celles-ci, d'autres en lattes de bois évoquant des volets de fenêtres.

L'HÉRITAGE DES VIEUX MOULINS D'ANTAN

On pense que l'origine des moulins se situe en Perse au VIIᵉ siècle de notre ère. C'est au XVIIIᵉ siècle qu'ils connurent leur apogée. La rotation des ailes entraînait le mouvement de deux grosses meules circulaires en pierre qui broyaient le grain entre elles. Les ailes étaient inclinées comme celles d'une girouette et toute la toiture pivotait pour pouvoir placer leur axe de rotation dans le sens du vent dominant. Dans le cas des moulins à chandelier, c'était tout le corps en bois du moulin qui pivotait sur un poteau central.

LES FERMES ÉOLIENNES

Les turbines éoliennes sont parfois érigées seules ou par paires, mais la plupart sont installées en séries, constituant des fermes éoliennes. Les plus grandes fermes éoliennes offshore se situent au large des côtes de l'Allemagne, des Pays-Bas et du Royaume-Uni. La plupart comptent moins de 80 turbines, mais certains projets envisagent des ensembles beaucoup plus vastes. Quant aux installations terrestres, les plus importantes se situent en Californie, aux États-Unis, où la ferme de Tehachapi compte 4 600 turbines et produit assez d'électricité pour fournir une ville d'un demi-million de personnes.

L'AVENIR DANS LE VENT

L'immense rotor à trois pales monté sur un pied métallique est le modèle qui prévaut actuellement pour les turbines éoliennes, mais beaucoup d'autres concepts sont à l'étude. L'un d'eux consisterait à intégrer des ventilateurs géants dans la structure des nouvelles tours de bureaux. Un autre serait d'installer des turbines sur des cerfs-volants capables de voler assez haut pour se placer dans des jet-streams, ces puissants courants aériens de la haute atmosphère. La société Magenn propose quant à elle des turbines maintenues en l'air par un ballon à l'hélium (ci-contre), un concept visant lui aussi à exploiter les vents forts qui soufflent en haute altitude.

Autour de la génératrice, un ballon gonflé à l'hélium la maintient dans le vent.

Une amarre maintient la turbine en place et conduit l'électricité vers le sol.

DES PALES EN ROTATION

Les turbines éoliennes modernes sont montées au sommet d'un poteau métallique géant qui peut dépasser 90 m de haut. Elles portent généralement trois pales dont l'envergure dépasse parfois 100 m. En comparaison, celle d'un jumbo jet est de l'ordre de 60 m. Beaucoup considèrent ces installations comme totalement écologiques car elles fournissent de l'énergie de manière propre. Mais leurs détracteurs rétorquent que, dans les sites réputés pour leur beauté naturelle, elles dénaturent le paysage, et affirment qu'elles sont bruyantes. Les pales en rotation peuvent aussi constituer un danger pour les oiseaux.

Pale de turbine

Des engrenages augmentent la vitesse de rotation de l'arbre.

Une génératrice produit de l'électricité.

Nacelle

Arbre à haute vitesse de rotation

Le pied supporte l'ensemble et transporte l'électricité vers le sol.

ÉLECTRICITÉ ÉOLIENNE

Les pièces mobiles de la turbine éolienne sont abritées par la nacelle, compartiment situé au sommet du pied. Le vent fait tourner les pales, entraînant l'arbre qui traverse un système d'engrenages dont la fonction est de surmultiplier sa rotation. À sa sortie, l'arbre tourne suffisamment vite pour entraîner le rotor magnétique d'une génératrice, ce qui a pour effet de produire de l'électricité. Des câbles qui courent dans le pied conduisent le courant électrique vers le sol, où il rejoint le réseau de distribution. Des instruments automatiques dans la nacelle orientent celle-ci dans le sens du vent et font varier l'angle des pales pour l'adapter à la vitesse du flux aérien.

L'ÉNERGIE SOLAIRE

Presque toutes les formes d'énergie que nous exploitons découlent de celle du Soleil, y compris le pétrole. Mais dans l'usage courant, nous appelons énergie solaire celle qui est tirée directement de la lumière de notre étoile, que ce soit par des collecteurs thermiques ou des cellules photovoltaïques. Ces dispositifs peuvent être employés de multiples manières, pour alimenter des appareils telles des calculatrices ou générer du courant électrique pour une ville entière. Actuellement, le solaire fournit moins de 0,5 % de l'énergie mondiale mais sa part augmente rapidement à mesure que le coût du matériel décroît. Il se pourrait qu'un jour la plupart des habitations disposent, sur leur toiture, de panneaux solaires fournissant, tout au long de la journée, une énergie non polluante.

La surface de captage sombre absorbe un maximum de chaleur solaire.

Les tubes en cuivre conduisent bien la chaleur.

La couche réfléchissante inférieure renvoie la chaleur vers les tubes.

LES COLLECTEURS SOLAIRES

Les collecteurs solaires thermiques recueillent l'énergie du Soleil sous forme de chaleur, à la différence des cellules photovoltaïques qui la convertissent en électricité. Ces collecteurs présentent une surface sombre qui capte le rayonnement lumineux. Celui-ci échauffe une tubulure située en dessous, dans laquelle circule de l'eau ou de l'air. L'un des inconvénients du solaire est le coût de production des panneaux, dont la fabrication consomme beaucoup d'énergie.

DES PARABOLES SOLAIRES

Les miroirs solaires collectent la lumière sur une vaste surface et, par réflection, la concentrent sur un capteur situé en leur foyer. Ce capteur contient un fluide porté à haute température par l'intense rayonnement. Il transmet sa chaleur à de l'eau qui peut être utilisée telle quelle dans des processus industriels ou servir à produire de la vapeur pour faire tourner des turbines et générer de l'électricité. Les miroirs sophistiqués, comme ceux de cette station en Australie, pivotent sur eux-mêmes pour suivre le Soleil dans sa course à travers le ciel.

LES CENTRALES SOLAIRES THERMIQUES

Certaines centrales solaires sont constituées de vastes champs de panneaux photovoltaïques. D'autres utilisent le principe du transfert de chaleur, comme cette station du désert Mojave, en Californie, aux Etats-Unis. Elle est composée de centaines de miroirs plats qui dirigent les rayons sur un capteur central situé au sommet d'une tour. Le four solaire d'Odeilho, en France, est lui aussi une centrale thermique.

Les paraboles suivent le Soleil dans sa course et les miroirs renvoient le rayonnement vers le capteur central.

Le capteur central renferme un fluide qui est chauffé par le rayonnement.

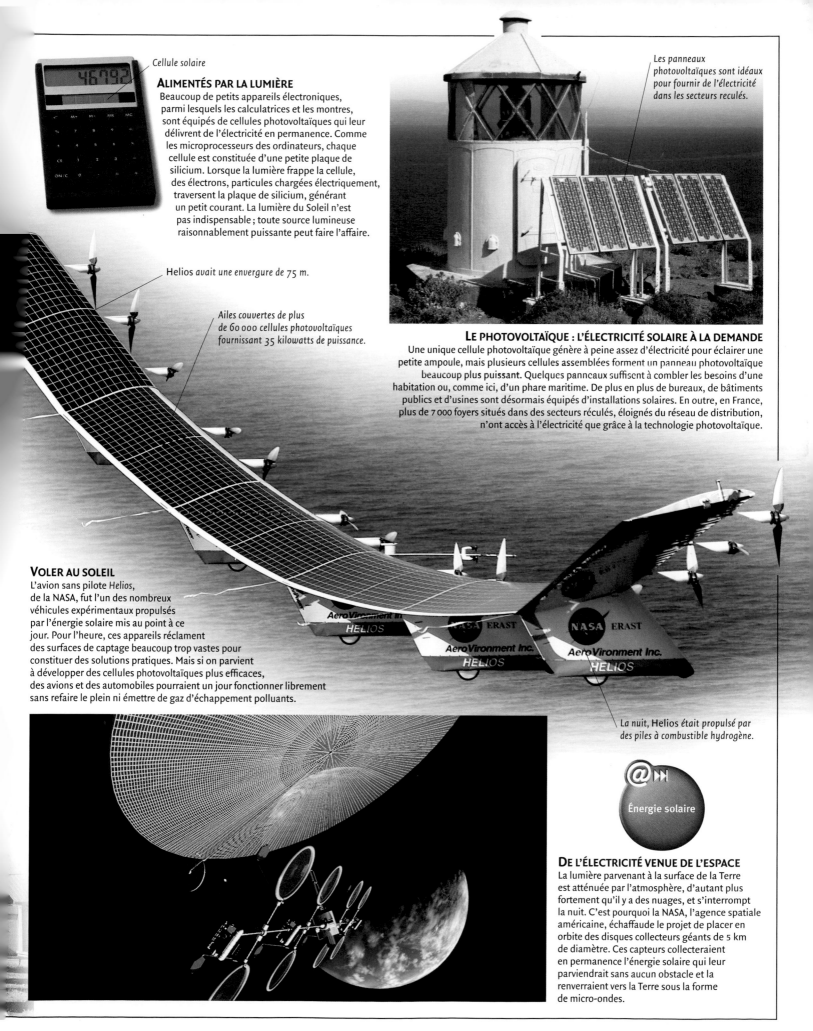

Cellule solaire

ALIMENTÉS PAR LA LUMIÈRE

Beaucoup de petits appareils électroniques, parmi lesquels les calculatrices et les montres, sont équipés de cellules photovoltaïques qui leur délivrent de l'électricité en permanence. Comme les microprocesseurs des ordinateurs, chaque cellule est constituée d'une petite plaque de silicium. Lorsque la lumière frappe la cellule, des électrons, particules chargées électriquement, traversent la plaque de silicium, générant un petit courant. La lumière du Soleil n'est pas indispensable ; toute source lumineuse raisonnablement puissante peut faire l'affaire.

Les panneaux photovoltaïques sont idéaux pour fournir de l'électricité dans les secteurs reculés.

Helios avait une envergure de 75 m.

Ailes couvertes de plus de 60 000 cellules photovoltaïques fournissant 35 kilowatts de puissance.

LE PHOTOVOLTAÏQUE : L'ÉLECTRICITÉ SOLAIRE À LA DEMANDE

Une unique cellule photovoltaïque génère à peine assez d'électricité pour éclairer une petite ampoule, mais plusieurs cellules assemblées forment un panneau photovoltaïque beaucoup plus puissant. Quelques panneaux suffisent à combler les besoins d'une habitation ou, comme ici, d'un phare maritime. De plus en plus de bureaux, de bâtiments publics et d'usines sont désormais équipés d'installations solaires. En outre, en France, plus de 7 000 foyers situés dans des secteurs reculés, éloignés du réseau de distribution, n'ont accès à l'électricité que grâce à la technologie photovoltaïque.

VOLER AU SOLEIL

L'avion sans pilote *Helios*, de la NASA, fut l'un des nombreux véhicules expérimentaux propulsés par l'énergie solaire mis au point à ce jour. Pour l'heure, ces appareils réclament des surfaces de captage beaucoup trop vastes pour constituer des solutions pratiques. Mais si on parvient à développer des cellules photovoltaïques plus efficaces, des avions et des automobiles pourraient un jour fonctionner librement sans refaire le plein ni émettre de gaz d'échappement polluants.

La nuit, Helios était propulsé par des piles à combustible hydrogène.

Énergie solaire

DE L'ÉLECTRICITÉ VENUE DE L'ESPACE

La lumière parvenant à la surface de la Terre est atténuée par l'atmosphère, d'autant plus fortement qu'il y a des nuages, et s'interrompt la nuit. C'est pourquoi la NASA, l'agence spatiale américaine, échaffaude le projet de placer en orbite des disques collecteurs géants de 5 km de diamètre. Ces capteurs collecteraient en permanence l'énergie solaire qui leur parviendrait sans aucun obstacle et la renverraient vers la Terre sous la forme de micro-ondes.

L'ÉNERGIE HYDROÉLECTRIQUE

De toutes les formes d'énergie renouvelables, aucune ne fait l'objet d'un usage plus ancien que l'eau. Durant des millénaires, elle a fait tourner des roues à aubes pour moudre le grain et entraîner des machines simples. De nos jours, elle sert essentiellement à produire de l'électricité appelée énergie hydroélectrique. Le flux normal de la plupart des rivières étant trop faible pour faire tourner des génératrices hydroélectriques, on construit des barrages afin de créer une retenue d'eau suffisante pour entretenir un flux puissant. Cela fait de l'hydroélectricité une énergie très coûteuse à mettre en place. En outre, les sites pouvant accueillir des barrages sont rares. En revanche, une fois le barrage construit, c'est une énergie propre et peu chère. Elle fournit un cinquième de l'électricité mondiale.

Énergie solaire

LES ROUES À AUBES
Avant les moteurs et l'électricité, les roues à aubes étaient les principales sources d'énergie industrielle. Pour capter la force motrice de l'eau, celle-ci était canalisée et soit déversée sur la roue par le dessus (« roue en dessus »), soit elle s'écoulait à sa base (« roue en dessous »). Des engrenages et divers mécanismes transmettaient le mouvement de rotation de la roue à des meules, des pompes, des scies à bois, des marteaux de fonderie ou des métiers à tisser.

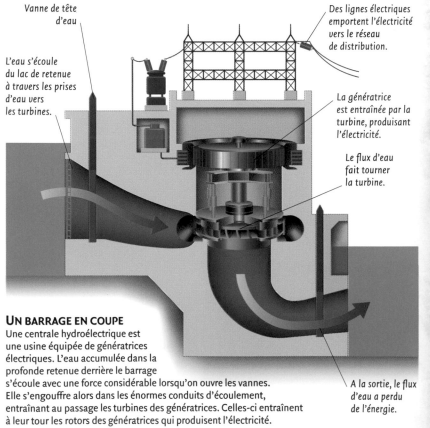

Vanne de tête d'eau

Des lignes électriques emportent l'électricité vers le réseau de distribution.

L'eau s'écoule du lac de retenue à travers les prises d'eau vers les turbines.

La génératrice est entraînée par la turbine, produisant l'électricité.

Le flux d'eau fait tourner la turbine.

UN BARRAGE EN COUPE
Une centrale hydroélectrique est une usine équipée de génératrices électriques. L'eau accumulée dans la profonde retenue derrière le barrage s'écoule avec une force considérable lorsqu'on ouvre les vannes. Elle s'engouffre alors dans les énormes conduits d'écoulement, entraînant au passage les turbines des génératrices. Celles-ci entraînent à leur tour les rotors des génératrices qui produisent l'électricité.

A la sortie, le flux d'eau a perdu de l'énergie.

DE L'IMPORTANCE DES FORTES TÊTES

Dans une centrale hydroélectrique, ce n'est pas seulement le débit de l'eau s'engouffrant à travers le barrage qui importe, mais également la profondeur de la retenue derrière le barrage – ce que l'on appelle la «tête d'eau». Plus la hauteur d'eau au-dessus des prises d'eau est grande, plus l'énergie véhiculée par le flux est importante. L'objet d'un barrage est d'accumuler une grande profondeur afin d'obtenir une forte tête d'eau.

ASSOUAN : LE POUR ET LE CONTRE

La construction du barrage d'Assouan sur le Nil, en Egypte, dans les années 1960, permit de fournir la moitié des besoins en éléctricité du pays (de nos jours 15 %) et de contrôler les mythiques crues du fleuve. Mais le lac de retenue noya d'importants sites archéologiques, notamment les temples d'Abou Simbel, qui durent être déplacés bloc par bloc en un nouveau lieu. En outre, les terres bordant le Nil devinrent moins fertiles, car le limon riche en nutriments, jadis déposé par les crues annuelles, était désormais retenu derrière le barrage.

Grand temple d'Abou Simbel

Le lac Mead s'étire sur 180 km derrière le barrage Hoover.

La base du barrage Hoover a plus de 200 m d'épaisseur pour résister à l'énorme pression des eaux de la retenue.

Station hydroélectrique

La ville de Fengjie est démolie pour céder la place au barrage des Trois Gorges.

LE GÉANT AMÉRICAIN

Achevé en 1936, le barrage Hoover, aux Etats-Unis, resta pendant de nombreuses années le plus haut du monde avec 221 m. Son réservoir, le lac Mead, contient un volume d'eau équivalent à deux années de débit du fleuve Colorado, sur lequel il est construit. Lorsqu'elle tourne à pleine capacité, la station hydroélectrique Hoover produit assez d'électricité pour satisfaire les besoins d'une ville de 750 000 personnes.

LES VILLAGES ENGLOUTIS

Les barrages sont parfois construits dans des zones très peuplées, la montée des eaux obligeant de nombreuses personnes à quitter leur maison. Ainsi, on estime que le titanesque barrage des Trois Gorges, en Chine, aura impliqué le déplacement d'environ 1,2 million de personnes. Le barrage lui-même, le plus grand du monde, a une longueur de 2,3 km d'une berge à l'autre. Son lac de retenue s'étend sur 660 km de long !

L'ÉNERGIE MARÉMOTRICE

Les vagues marines déplacent d'énormes volumes d'eau deux fois par jour dans les estuaires. Pour exploiter cette énergie, dite marémotrice, on peut construire un barrage équipé de turbines capables de fonctionner dans les deux sens. Il existe toutefois un risque que ces installations créent des perturbations dans le flux des marées susceptibles de nuire à la vie sauvage des estuaires. L'usine hydroélectrique marémotrice de la Rance (ci-contre), en France, est l'une des rares construites à ce jour.

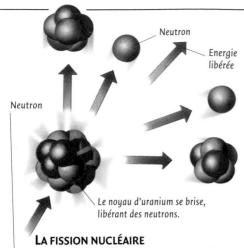

Neutron

Energie
libérée

Neutron

*Le noyau d'uranium se brise,
libérant des neutrons.*

LA FISSION NUCLÉAIRE

De l'énergie est libérée en grande quantité lorsque l'on brise de gros atomes comme ceux de l'uranium ou du plutonium. Ce type de réaction est appelé fission nucléaire. Pour briser les noyaux, on les bombarde de neutrons. En se brisant, les noyaux libèrent d'autres neutrons qui iront briser d'autres noyaux, provoquant une réaction en chaîne.

L'ÉNERGIE NUCLÉAIRE

Les noyaux des atomes renferment d'énormes quantités d'énergie. Dans une centrale nucléaire, ces noyaux sont brisés pour libérer cette énergie. Une unique pastille de 6 g de carburant nucléaire en concentre autant qu'une tonne de charbon et trois pastilles, pesant moins qu'une cuillère de sucre, suffisent pour assurer les besoins d'une famille pendant un an. À l'heure actuelle, le nucléaire fournit 20 % de l'électricité mondiale (78 % en France). Son gros avantage est de ne rejeter aucun gaz à effet de serre, mais il a aussi des inconvénients. Il produit de dangereux déchets radioactifs qu'il faut stocker et comporte le risque, considéré comme faible, qu'un accident libère subitement des radiations en masse.

L'INTÉRIEUR D'UNE CENTRALE NUCLÉAIRE

Comme les centrales au charbon, au pétrole ou au gaz, les centrales nucléaires fabriquent de la vapeur pour faire tourner des turbines qui entraînent des génératrices électriques. Mais ici, la chaleur nécessaire au processus est obtenue en brisant des atomes dans un réacteur. Au cœur de ce réacteur, à l'intérieur de barres de combustibles constituées de pastilles d'uranium, se produit une réaction de fission nucléaire. Des barres de contrôle spéciales absorbent l'excès de neutrons pour ralentir la réaction et faire en sorte que l'énergie soit libérée progressivement. Un fluide appelé refroidisseur (eau ou gaz) transporte la chaleur du réacteur vers un générateur de vapeur.

Enceinte de confinement en béton

Des barres de contrôle ajustent le taux de réaction.

3. La chaleur transmise par l'eau du circuit primaire (en jaune) fait bouillir l'eau dans le générateur de vapeur (circuit secondaire, en violet et bleu).

4. La vapeur fait tourner des turbines qui entraînent des génératrices électriques.

2. Dans le circuit primaire, une pompe fait circuler de l'eau sous pression qui véhicule la chaleur du réacteur vers le générateur de vapeur.

5. Les génératrices produisent de l'électricité.

Des pylônes supportant des lignes haute tension emportent l'électricité.

L'eau chaude est emportée vers une tour de refroidissement où elle perd sa chaleur.

Eau froide revenant de la tour de refroidissement

1. Une réaction en chaîne de fission se produit dans les barres de combustible dans le cœur du réacteur.

7. En se refroidissant, la vapeur se retransforme en eau et retourne vers le générateur de vapeur.

6. Des tuyaux renfermant de l'eau froide absorbent la chaleur de la vapeur.

@ ▶▶
Énergie nucléaire

LES RÉACTEURS NUCLÉAIRES

Le cœur d'une centrale nucléaire est constitué par le réacteur. Il en existe de différents types. Les premiers modèles fabriquaient du plutonium pour les bombes nucléaires. La plupart des centrales actuelles sont équipées de réacteurs à eau pressurisée (ou REP), comme celle de Vandellos (ci-contre), en Espagne, où l'eau est utilisée comme fluide de refroidissement. Les réacteurs avancés au gaz (ou AGR) sont refroidis par du gaz. Quant au surgénérateur, c'est un type de réacteur qui produit plus de carburant nucléaire qu'il n'en consomme.

Pylônes

Bâtiment de contrôle

Réacteur

LES DÉCHETS RADIOACTIFS

Les centrales nucléaires produisent des déchets radioactifs qui, si l'on ne s'en protège pas, peuvent provoquer des cancers, des mutations génétiques, voire une mort rapide. Leur radioactivité décline au cours du temps et finit toujours par s'éteindre, mais cela peut prendre, pour certains, jusqu'à 80 000 ans environ. Les déchets les plus dangereux, provenant notamment du combustible usé et du cœur du réacteur, s'amassent et il faut les isoler et leur trouver des lieux de stockage à très long terme. Ici, ils sont entreposés en piscine en attendant leur traitement.

Explosion d'une bombe nucléaire

LA CATASTROPHE DE TCHERNOBYL

Le plus grave accident nucléaire jamais survenu s'est produit le 25 avril 1986 à la centrale de Tchernobyl, au nord de Kiev, dans l'actuelle Ukraine. L'un des réacteurs surchauffa et fit exploser le bâtiment en béton qui l'abritait. En quelques jours, des nuages de poussière radioactive potentiellement dangereux se sont répandus dans le monde entier, comme le montre cette simulation par ordinateur. La région autour de Tchernobyl est aujourd'hui encore inhabitable, et des milliers de personnes qui y vivaient sont, depuis, malades ou mortes de cancers dus à l'exposition aux radiations.

LA PROLIFÉRATION NUCLÉAIRE

On craint que le développement de centrales nucléaires civiles dans de nombreux pays n'entraîne un risque de prolifération des armes atomiques dans le monde. Ceci augmenterait les risques d'un conflit nucléaire potentiellement dévastateur pour la planète. Les bombes atomiques, qui reposent sur les réactions de fission et de fusion, sont assez puissantes pour détruire de grandes villes.

Noyau d'hydrogène à deux neutrons

Noyau d'hydrogène à un neutron

Les noyaux entrent en collision et fusionnent.

Un noyau d'hélium se forme.

Libération d'énergie

Neutron libéré

LA FUSION NUCLÉAIRE

Lorsque de petits noyaux d'hydrogène se heurtent, ils fusionnent (s'assemblent) pour former un noyau d'hélium. Comme la fission, la fusion nucléaire libère de l'énergie. Jusqu'à présent, on n'a su la mettre en œuvre que dans les bombes atomiques de type H. Les scientifiques recherchent des moyens de la contrôler en provoquant une fusion froide afin de produire, dans l'avenir, de l'énergie nucléaire sans déchets radioactifs.

DES TUBES À PLASMA

Si l'on parvient à obtenir la fusion froide, ce sera probablement dans de gros tubes circulaires appelés tores ou tokamaks, comme l'appareil expérimental ci-dessus. A l'intérieur du tore, de l'hydrogène est chauffé jusqu'à ce qu'il forme un plasma (partie droite de l'image) et commence à produire de la chaleur. Il faut générer de puissants champs magnétiques pour contenir le plasma dans le tube.

Bâtiment des turbines et des génératrices

LA PRODUCTION ET LA CONSOMMATION DE PÉTROLE

Le monde produit et utilise aujourd'hui plus de pétrole que jamais. En 2006, l'ensemble des puits de la planète en extrayaient près de 85 millions de barils par jour. Certains experts, néanmoins, pensent que 2005 ou 2006 pourraient être les années de plus forte production de tous les temps (pic de Hubbert, voir p. 52) et que de telles productivités ne seront plus atteintes par la suite parce que la majeure partie du pétrole facile d'accès subsistant est en train de s'épuiser rapidement. La consommation, en effet, n'a cessé d'augmenter au cours du siècle dernier et ne montre aucun signe de ralentissement, malgré les craintes concernant l'effet de serre et le réchauffement global. Il semblerait que, pour la première fois, la consommation de pétrole puisse commencer à dépasser sa production.

Arabie Saoudite : 10,37 millions de barils/jour

Arabie Saoudite	264,3 milliards de barils
Canada	178,8 milliards
Iran	132,5 milliards
Irak	115 milliards
Koweit	101,5 milliards
Emirats arabes unis	97,8 milliards
Venezuela	79,7 milliards
Russie	60 milliards
Libye	39,1 milliards
Nigeria	35,9 milliards

Les plates-formes offshore extraient le pétrole de gisements enfouis profondément sous le sol marin.

= 20 milliards de barils approximativement

LES RÉSERVES DE PÉTROLE PAR PAYS (EN 2006)
Les plus grosses réserves de pétrole se trouvent en Arabie Saoudite, où se situe le champ pétrolier de Ghawar, le plus grand du monde. D'une surface de plus de 280 km sur 30 km, ce dernier produit à lui seul plus de 6 % du pétrole consommé dans le monde. Le reste se trouve également, pour l'essentiel, au Moyen-Orient. Le Canada possède des réserves presque aussi grandes que celles de l'Arabie Saoudite, mais sous la forme de sables bitumineux, difficiles à extraire.

DE NOUVEAUX GISEMENTS
Les estimations des réserves de pétrole subsistantes varient. Selon certains chiffres, elles ont doublé dans la dernière décennie pour dépasser 2 000 milliards de barils, et augmenteraient de 27 milliards de barils par an. Mais c'est surtout parce que des réserves précédemment non comptabilisées, comme les sables bitumineux du Canada, sont maintenant incluses dans les calculs. Seuls quelque 6 milliards de barils de gisements totalement nouveaux sont découverts chaque année. Les plus grosses réserves encore à découvrir pourraient se trouver sous l'océan Arctique.

LES PLUS GROS CONSOMMATEURS (EN 2004)
Le volume de pétrole utilisé dans le monde entier chaque année remplirait une piscine carrée de 1,6 km de côté et de 1,6 km de profondeur, la majeure partie étant engloutie par les automobiles et les poids lourds. Les Etats-Unis sont, de loin, les plus gros consommateurs du monde. Ils brûlent chaque jour plus de 20 millions de barils – un quart de la consommation mondiale et plus de trois fois celle de la Chine, leur plus proche concurrent. La consommation des Chinois, dont le niveau de vie progresse, est en augmentation mais reste encore loin derrière.
Celle de l'Inde augmente vite également mais reste comparativement faible. La consommation dans les pays les plus développés, parmi lesquels le Royaume-Uni, la France, l'Allemagne et l'Italie, tourne autour de 2 millions de barils par jour, à peine un dixième de celle des Etats-Unis.

Etats-Unis : 20,5 millions de barils/jour

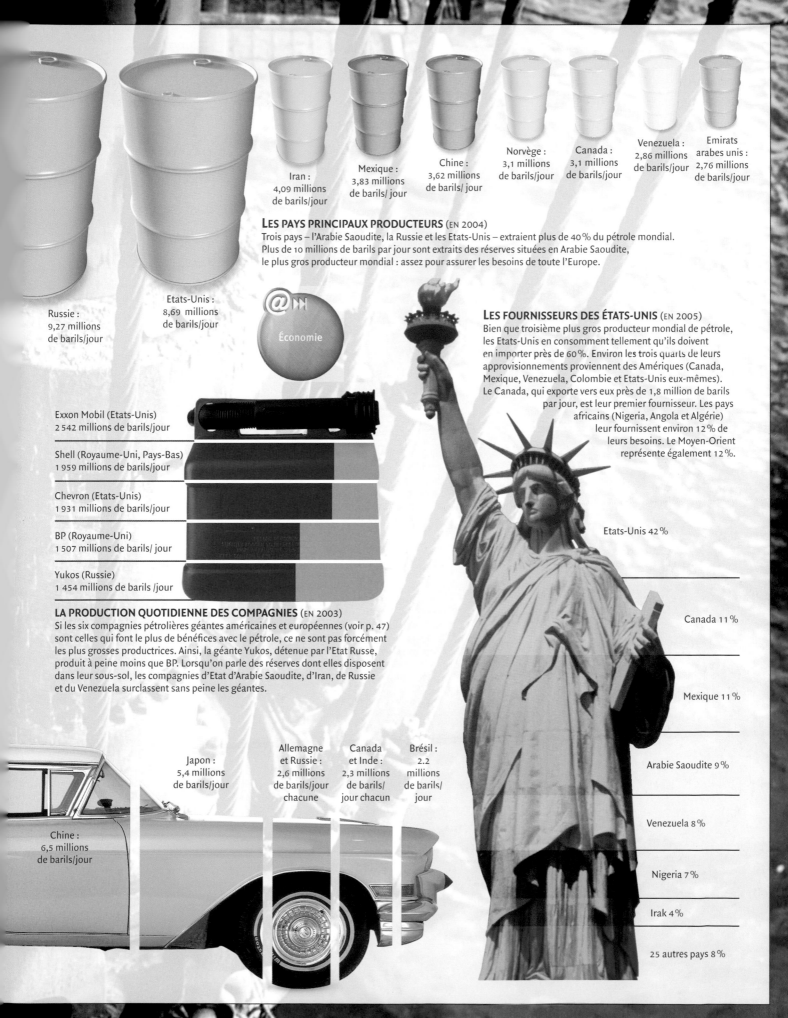

Iran :
4,09 millions
de barils/jour

Mexique :
3,83 millions
de barils/ jour

Chine :
3,62 millions
de barils/ jour

Norvège :
3,1 millions
de barils/jour

Canada :
3,1 millions
de barils/jour

Venezuela :
2,86 millions
de barils/jour

Emirats
arabes unis :
2,76 millions
de barils/jour

LES PAYS PRINCIPAUX PRODUCTEURS (EN 2004)

Trois pays – l'Arabie Saoudite, la Russie et les Etats-Unis – extraient plus de 40 % du pétrole mondial.
Plus de 10 millions de barils par jour sont extraits des réserves situées en Arabie Saoudite,
le plus gros producteur mondial : assez pour assurer les besoins de toute l'Europe.

Russie :
9,27 millions
de barils/jour

Etats-Unis :
8,69 millions
de barils/jour

@ ▶▶
Économie

LES FOURNISSEURS DES ÉTATS-UNIS (EN 2005)

Bien que troisième plus gros producteur mondial de pétrole,
les Etats-Unis en consomment tellement qu'ils doivent
en importer près de 60 %. Environ les trois quarts de leurs
approvisionnements proviennent des Amériques (Canada,
Mexique, Venezuela, Colombie et Etats-Unis eux-mêmes).
Le Canada, qui exporte vers eux près de 1,8 million de barils
par jour, est leur premier fournisseur. Les pays
africains (Nigeria, Angola et Algérie)
leur fournissent environ 12 % de
leurs besoins. Le Moyen-Orient
représente également 12 %.

Exxon Mobil (Etats-Unis)
2 542 millions de barils/jour

Shell (Royaume-Uni, Pays-Bas)
1 959 millions de barils/jour

Chevron (Etats-Unis)
1 931 millions de barils/jour

BP (Royaume-Uni)
1 507 millions de barils/ jour

Yukos (Russie)
1 454 millions de barils /jour

Etats-Unis 42 %

Canada 11 %

Mexique 11 %

LA PRODUCTION QUOTIDIENNE DES COMPAGNIES (EN 2003)

Si les six compagnies pétrolières géantes américaines et européennes (voir p. 47)
sont celles qui font le plus de bénéfices avec le pétrole, ce ne sont pas forcément
les plus grosses productrices. Ainsi, la géante Yukos, détenue par l'Etat Russe,
produit à peine moins que BP. Lorsqu'on parle des réserves dont elles disposent
dans leur sous-sol, les compagnies d'Etat d'Arabie Saoudite, d'Iran, de Russie
et du Venezuela surclassent sans peine les géantes.

Arabie Saoudite 9 %

Venezuela 8 %

Japon :
5,4 millions
de barils/jour

Allemagne
et Russie :
2,6 millions
de barils/jour
chacune

Canada
et Inde :
2,3 millions
de barils/
jour chacun

Brésil :
2.2
millions
de barils/
jour

Nigeria 7 %

Chine :
6,5 millions
de barils/jour

Irak 4 %

25 autres pays 8 %

UNE CHRONOLOGIE DE L'HISTOIRE DU PÉTROLE

Durant des millénaires, au Moyen-Orient notamment, le pétrole connut divers usages : éclairage, calfatage des bateaux, etc. La véritable ère du pétrole débuta il y a 150 ans environ. La première révolution fut la naissance des lampes à pétrole en 1857, la seconde, plus déterminante encore, l'invention du moteur à combustion interne en 1862, qui permit le développement de l'automobile. Aujourd'hui, non seulement le pétrole domine le monde économique, mais il a aussi une influence majeure en politique.

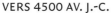

Chronologie

Temple du feu zoroastrien en Azerbaïdjan

VERS 4500 AV. J.-C.
Les peuples de l'actuel Irak utilisent le bitume affleurant pour isoler leurs maisons.

VERS 4000 AV. J.-C.
Les peuples du Moyen-Orient utilisent le bitume pour étancher les bateaux. Appelée calfatage, cette technique sera utilisée jusqu'en 1900.

VERS 600 AV. J.-C.
Le roi Nabuchodonosor utilise des briques contenant du bitume pour construire les Jardins suspendus de Babylone et des conduites étanchées au bitume pour les alimenter en eau.

Boîte de momie égyptienne

Vᴱ SIÈCLE AV. J.-C.
Les archers persans trempent leurs flèches dans du bitume pour les enflammer.

450 AV. J.-C.
L'historien grec de l'Antiquité Hérodote évoque des mares de bitume près de Babylone, très prisé des Babyloniens.

VERS 300 AV. J.-C.
Les zoroastriens érigent des temples du feu en Azerbaïdjan. Ils utilisent des jets de gaz naturel sortant du sol pour entretenir une flamme permanente dans les temples.

VERS 200 AV. J.-C.
Les Egyptiens de l'Antiquité utilisent parfois du bitume pour momifier leurs morts.

VERS LE DÉBUT DE NOTRE ÈRE
En forant à la recherche de sel, les Chinois extraient du pétrole et du gaz. Ils brûlent ce dernier pour assécher et récolter le sel.

VERS L'AN 67
Les juifs défendant la ville de Jotapata jettent du pétrole bouillant sur les Romains.

AN 100
L'historien romain Plutarque décrit des sources de pétrole bouillonnantes près de Kirkouk, dans l'actuel Irak. C'est l'une des premières mentions historiques du pétrole liquide.

VIᴱ SIÈCLE
Les Byzantins utilisent les feux grégeois, bombes incendiaires fabriquées avec du bitume, du soufre et de la chaux vive.

1264
Le marchand vénitien et aventurier Marco Polo rapporte que, près de Bakou, dans l'actuel Azerbaïdjan, on récolte du pétrole en quantité pour l'utiliser en médecine et en éclairage.

XVIᴱ SIÈCLE
A Krosno, en Pologne, on fait brûler en éclairage de rue du pétrole des Carpathes.

ANNÉES 1780
La lampe à huile de cétacé du physicien suisse Aimé Argand remplace les autres éclairages.

VERS 1800
Le macadam, mélange de graviers calibrés et de goudron, est utilisé pour la première fois comme revêtement routier.

1807
Le gaz de charbon alimente les premiers éclairages publics à Londres, en Angleterre.

1816
Débuts de l'industrie américaine du gaz de charbon à Baltimore, aux Etats-Unis.

1821
Première livraison de gaz commercial dans les habitations, à New York, aux Etats-Unis, circulant dans des conduites en bois creux.

1846
Le Canadien Abraham Gesner fabrique du pétrole lampant à partir de charbon.

1847
Le premier puits de pétrole du monde est foré à Bakou, en Azerbaïdjan.

1849
Abraham Gesner découvre comment fabriquer du pétrole lampant à partir de pétrole brut.

1851
Au Canada, Charles Nelson Tripp fonde, avec d'autres, l'International Mining and Manufacturing Company, première compagnie nord-américaine pour exploiter l'asphalte de l'Ontario.

1851
Le chimiste écossais James Young ouvre la première raffinerie de pétrole du monde à Bathgate, près d'Edimbourg, pour produire du pétrole à partir de torbanite, un schiste bitumineux.

1853
Le chimiste polonais Ignacy Lukasiewiz découvre comment produire du pétrole

Lampe à pétrole

lampant industriellement à partir de pétrole brut. Il ouvre la voie de la lampe à pétrole qui va très vite révolutionner l'éclairage des foyers.

1856
Ignacy Lukasiewiz installe la première raffinerie de pétrole brut du monde à Ulaszowice, en Pologne.

1857
L'Américain Michael Dietz dépose un modèle de lampe d'éclairage fonctionnant au pétrole lampant. Ce dernier va remplacer partout la coûteuse huile de baleine en l'espace de quelques années.

1858
Le premier puits de pétrole nord-américain est ouvert à Oil Springs, dans l'Ontario, au Canada.

1859
Le premier puits de pétrole des Etats-Unis est foré par Edwin L. Drake à Titusville, en Pennsylvanie.

1860
La Canadian Oil Company devient la première compagnie du monde à contrôler la production, le raffinage et la commercialisation du pétrole.

1861
Premier transport maritime de pétrole à bord du navire *Elizabeth Watts*, de Pennsylvanie à Londres.

1862
Le Français Alphonse Beau de Rochas fait breveter le moteur à combustion interne à quatre temps. Fonctionnant au pétrole, il va propulser la plupart des automobiles du xxe siècle.

1863
L'homme d'affaires américain J. D. Rockefeller lance une compagnie de raffinage de pétrole à Cleveland, dans l'Ohio, aux Etats-Unis.

1870
J. D. Rockefeller constitue la Standard Oil dans l'Ohio, qui s'appellera ensuite Esso, et aujourd'hui Exxon Mobil.

Ford Model T

J. D. Rockefeller

1878
Le premier puits de pétrole du Venezuela est foré au lac Maracaibo.

1885
En Allemagne, l'ingénieur et industriel Gottlieb Daimler invente le premier moteur à essence moderne, muni de cylindres verticaux et d'un carburateur pour réguler l'alimentation.

1885
L'ingénieur allemand Karl Benz crée le premier moteur à essence adapté à une commercialisation à grande échelle.

1885
Du pétrole est découvert à Sumatra par la Royal Dutch Oil Company.

1891
Aux Etats-Unis, la société Daimler commence à produire des moteurs à essence pour équiper des tramways, des voitures et des bateaux.

1901
Premier puits éruptif américain sur forage profond à Spindletop, au Texas. Il va déclencher le boom pétrolier texan.

1905
Le champ pétrolier de Bakou est incendié durant les troubles qui surviennent dans tout l'empire Russe en opposition à l'autorité du tsar Nicolas II.

1907
La compagnie pétrolière Shell et la hollandaise Royal Dutch fusionnent pour constituer la Royal Dutch Shell.

1908
Lancement de la *Ford T*, première automobile produite en série. Ce mode de production rendant les voitures abordables, le nombre de propriétaires de véhicules va augmenter rapidement, ainsi que la demande en pétrole.

1908
Découverte de pétrole en Perse (actuel Iran), entraînant la création en 1909 de l' Anglo-Persian Oil Company, précurseur de la géante moderne Britsih Petroleum (BP).

1910
Première découverte de pétrole au Mexique, à Tampico, sur la côte du golfe du Mexique.

1914-1918
Durant la Première Guerre mondiale, le contrôle des Britanniques sur le pétrole persan, qui alimente leurs navires et leurs avions, sera un facteur déterminant de la défaite de l'Allemagne.

1932
Découverte de pétrole à Bahreïn.

1935
Invention du Nylon, l'une des premières fibres synthétiques dérivées du pétrole.

1935
Première mise en œuvre du craquage catalytique dans le raffinage du pétrole, permettant de briser les hydrocarbures lourds.

Corde en Nylon

1938
D'immenses réserves de pétrole sont découvertes au Koweit et en Arabie Saoudite.

1939-1945
Seconde Guerre mondiale. Le contrôle de l'approvisionnement en pétrole, en particulier depuis Bakou et le Moyen-Orient, joue un rôle important dans la victoire des alliés.

1948
Le plus grand gisement de pétrole liquide du monde, renfermant environ 80 milliards de barils, est découvert à Ghawar, en Arabie Saoudite.

1951
L'Iranian Oil Company (ex-Anglo Persian) est nationalisée par le gouvernement Iranien. Il s'ensuivra un coup d'Etat soutenu par les Etats-Unis et la Grande-Bretagne pour restaurer le pouvoir du Shah (souverain d'Iran).

Suite page 68

Oléoduc Trans-Alaska

1960
L'OPEP (Organisation des Pays Exportateurs de Pétrole) est fondée par l'Arabie Saoudite, le Venezuela, le Koweit, l'Irak et l'Iran.

1967
La production commerciale de pétrole débute au Canada à partir des sables bitumineux d'Alberta, la plus grand gisement du monde de ce type.

1968
Découverte de pétrole à Prudhoe Bay, dans le nord de l'Alaska. Le gisement devient la principale source de pétrole pour l'Amérique du Nord.

1969
Aux Etats-Unis, une importante fuite de pétrole provoquée par une explosion sur une plate-forme au large des côtes de Santa Barbara, en Californie, provoque une marée noire catastrophique pour la vie marine.

1969
Découverte dans la mer du Nord de pétrole et de gaz naturel qui vont alimenter l'Europe.

1971
Les pays de l'OPEP, au Moyen-Orient, commencent à nationaliser leurs biens pétroliers afin de prendre le contrôle de leurs réserves.

1973
L'OPEP quadruple les prix du pétrole brut. Cela bloque l'approvisionnement des pays occidentaux qui soutiennent Israël dans la guerre contre les forces arabes menées par l'Egypte et la Syrie et provoque de graves pénuries de pétrole en Occident.

1975
Débuts de la production pétrolière en mer du Nord.

1977
Achèvement de l'oléoduc Trans-Alaska.

1978
Naufrage du pétrolier *Amoco Cadiz* sur les côtes bretonnes, provoquant une marée noire.

1979
Une explosion sur la plate-forme offshore *Ixtoc* 1, dans le golfe du Mexique, provoque la plus grande fuite de pétrole du monde, et une marée noire.

1989
Le pétrolier *Exxon Valdez* s'échoue dans le Prince William Sound, en Alaska, provoquant une marée noire et une catastrophe écologique.

Nettoyage de la marée noire de l'*Exxon Valdez*

1991
Les puits de pétrole du Koweit sont incendiés par les Irakiens durant la Première Guerre du Golfe.

1996
Le Qatar ouvre les premières grosses installations permettant l'exportation de gaz naturel liquéfié (ou LNG).

1999
Naufrage du pétrolier *Erika* au large de la Bretagne, provoquant une marée noire.

2002
Début de la construction de l'oléoduc de Bakou à la Méditerranée.

2002
Naufrage du pétrolier *Prestige* au large de l'Espagne, provoquant une marée noire sur les côtes du Portugal, d'Espagne et de France.

2003
Le Sénat des Etats-Unis rejette la proposition d'exploration pétrolière dans l'Arctic National Wildlife Refuge, une réserve naturelle en Alaska.

2003
Une explosion de gaz acide à Chongqing, dans le sud-ouest de la Chine, fait 234 morts.

2004
Déclin de la production de pétrole et de gaz de la mer du Nord.

2005
L'ouragan *Katrina* frappe le golfe du Mexique, provoquant localement le chaos dans l'industrie pétrolière américaine.

2006
La Russie interrompt ses fournitures de gaz à l'Ukraine jusqu'à ce que les Ukrainiens acceptent une forte augmentation des prix.

2007
Lors d'un grave désaccord entre la Russie et la Biélorussie à propos des approvisionnements en pétrole et en gaz, la Russie ferme l'oléoduc transcontinental à travers la Biélorussie, interrompant sa fourniture aux pays d'Europe occidentale.

Installations pétrolières inondées lors de l'ouragan Katrina, aux Etats-Unis, en 2005

POUR EN SAVOIR PLUS

Le pétrole est un sujet extrêmement riche car il ouvre sur de nombreux domaines de découverte : histoire, géologie, chimie, technologie, économie, politique, environnement... Chacun peut y trouver un centre d'intérêt. En outre, il débouche sur des réflexions et des interrogations parfois angoissantes, toujours passionnantes, sur le futur énergétique et climatique de la planète. Ce livre n'est qu'une introduction à la plus grande et la plus complexe des industries et à ses enjeux, actuels et à venir. Il existe plusieurs façons d'aller plus loin : expositions, musées, sites Internet, etc., qui offriront à celui qui le souhaite de multiples occasions d'approfondir ses connaissances.

Le recyclage permet de réduire notre consommation d'énergie.

LES MUSÉES ET EXPOSITIONS

Les musées scientifiques proposent souvent d'excellentes expositions sur des domaines abordés dans ce livre, tels que les ressources énergétiques, la formation des combustibles fossiles, leur exploitation, leur transport, etc.

Déchets recyclables

Maquette de musée d'une plate-forme pétrolière offshore

QUELQUES SITES INTERNET

● **Planète Energie**, le programme pédagogique de la société pétrolière Total, destiné aux élèves de 10 à 18 ans et à leurs enseignants. Un site Internet riche et accessible, présentant une partie encyclopédique, une partie magazine, des dossiers et un espace enseignants. Tous les aspects du pétrole et les différentes sources d'énergie sont abordés, avec du texte, des photos, des schémas, de nombreux films et animations en *streaming* (visite d'une plate-forme offshore, exploration et exploitation pétrolière, etc.). Bref, un site passionnant à ne pas manquer : **http://www.planete-energies.com/site/homepage.html**

Planète Energie propose également des visites scolaires de sites industriels, des interventions en classe, une exposition itinérante. Pour tout renseignement : Total, Direction de la Communication, Planète Energie, 2, place de la Coupole, 92078 Paris-La-Défense cedex – Tél. : 01 47 44 52 16

● **Pétrole, nouveaux défis**, exposition en ligne de la Cité des Sciences du parc de La Villette : **http://www.cite-sciences.fr/francais/ala_cite/ expo/tempo/planete/petrole/index_petrole.php**

● L'espace découverte du site Internet de l'Institut français du Pétrole (IFP) : **http://www. ifp.fr/IFP/fr/decouvertes/index.htm**

● Les pages Internet jeunes de Gaz de France (GDF) : **http://www. jeunes.gazdefrance.fr**

● L'espace « particuliers » du site Internet de l'Agence de l'Environnement et de la Maîtrise de l'Energie (ADEME) : **http://www2.ademe.fr/servlet/getDoc?cid=96&m=3&id=2492 6&ref=12375**

● Le site Internet du Musée français du Pétrole de Pechelbronn, dans le Haut-Rhin, relate l'épopée pétrolière alsacienne, dans l'un des berceaux du pétrole français : **http://www.musee-du-petrole.com/index.htm**

Musée français du Pétrole, 4, rue de l'Ecole, 67250 Merkwiller-Pechelbronn. Tél. : 03 88 80 91 08 (ouvert d'avril à octobre les jeudis, dimanches et jours fériés, et toute l'année sur réservation pour les groupes).

Sur Internet, certains sites proposent des vidéos et animations présentant des usines et les processus de raffinage.

Visite virtuelle d'une raffinerie de pétrole

VISITES RÉELLES ET VIRTUELLES

Une école peut organiser une visite dans un terminal pétrolier ou une raffinerie. Le département éducation des grandes compagnies fournit généralement toutes les informations à ce sujet. Toutefois, les installations pétrolières sont souvent situées dans des lieux inaccessibles ou trop dangereux pour permettre des visites scolaires. Inutile d'espérer visiter une plate-forme d'exploitation offshore ! La visite virtuelle prend alors tout son sens. La société Total et son département Planète Energie ont, par exemple, mis en ligne sur leur site Internet (voir ci-dessus) la visite virtuelle de la plate-forme Elgin-Franklin, en mer du Nord.

GLOSSAIRE

AÉROGEL Matériau solide le plus léger, ayant la plus faible densité connue, créé artificiellement à partir de silice et d'un solvant liquide comme l'éthanol.

ALCANES Type d'hydrocarbures à molécules linéaires.

ANTHRACITE Le meilleur des charbons, très riche en carbone, présent à grande profondeur dans le sous-sol.

Anthracite

ANTICLINAL Zone du sous-sol où les couches rocheuses se sont plissées vers le haut.

AROMATES Hydrocarbures dont les molécules présentent un ou plusieurs anneaux d'atomes de carbone.

ASPHALTE Forme de pétrole très visqueuse, presque solide, ou revêtement routier à base de pétrole. On l'appelle aussi goudron, notamment dans ses formes modifiées.

BENZÈNE Liquide incolore obtenu à partir du pétrole utilisé comme carburant et dans les teintures. C'est un hydrocarbure aromatique.

BIOCARBURANT Carburant obtenu à partir de matériaux organiques, notamment des huiles végétales, des bactéries ou des déchets organiques.

BIOGAZ Gaz produit lors de la décomposittion des déchets organiques.

BITUME Forme de pétrole visqueuse, semi-liquide.

Modélisation d'une molécule de benzène

BOUE DE FORAGE Mélange de liquides et de matériaux poudreux injectés dans le trou de forage. Elle lubrifie et refroidit la foreuse, permet le dégagement des déblais de forage en les faisant remonter et équilibre la pression dans le trou, réduisant les risques d'effondrement du forage ou d'éruption du pétrole.

BUTANE Gaz inflammable présent dans le gaz naturel et utilisé comme carburant des cuisinières.

CARBURANT FOSSILE Carburant formé à partir des restes de végétaux et d'animaux ayant vécu il y a très longtemps : essentiellement le pétrole, le gaz naturel, le charbon et la tourbe.

CATALYSEUR Substance activant des réactions chimiques.

CELLULE PHOTOVOLTAÏQUE Composant électronique fabriquant de l'électricité à partir de la lumière.

CONDENSAT Liquide formé lorsqu'une vapeur se condense. Dans le cas du pétrole, fraction la plus légère et volatile du pétrole brut.

CRAQUAGE CATALYTIQUE Traitement à haute température en présence d'un catalyseur pour briser les molécules des composants lourds du pétrole brut.

DERRICK Tour supportant la foreuse sur un forage pétrolier.

DIOXYDE DE CARBONE Gaz produit par la respiration des êtres vivants et absorbé par les végétaux pour effectuer la photosynthèse. Il est aussi produit lors de la combustion des carburants fossiles. On pense qu'il est le principal gaz à effet de serre responsable du réchauffement global.

DISTILLATION FRACTIONNÉE Séparation des différents composants d'un liquide, tel que le pétrole brut, en le chauffant jusqu'à ce qu'il se vaporise et en récoltant les différents composants (fractions) à mesure qu'ils se condensent à différentes températures.

EFFET DE SERRE Phénomène par lequel certains gaz présents dans l'atmosphère piègent l'énergie solaire comme les vitres d'une serre.

ÉNERGIE ALTERNATIVE Energie ne provenant pas de combustibles fossiles. Il s'agit des énergies solaire, éolienne, hydraulique et nucléaire.

ÉNERGIE HYDROÉLECTRIQUE Electricité produite par des turbines entraînées par la force motrice de l'eau (aussi appelée hydroélectricité).

ÉNERGIE NUCLÉAIRE Energie obtenue par séparation des noyaux d'atomes d'éléments lourds, comme l'uranium, à l'intérieur d'un réacteur nucléaire.

ÉNERGIE RENOUVELABLE Energie issue de sources constamment et naturellement remplacées telles que le vent, la lumière solaire, la force motrice de l'eau et les biocarburants. Les carburants fossiles comme le pétrole ne sont pas renouvelables car ils ne seront pas remplaçables une fois qu'ils auront été complètement utilisés.

ÉNERGIE SOLAIRE Energie produite à partir de dispositifs qui captent la lumière du Soleil et la convertissent soit en chaleur, qui élèvent la température de fluides tels que l'eau, soit en électricité.

ÉRUPTION Jaillissement incontrôlé de pétrole et de gaz sous pression à la tête d'un puits pétrolier dont on a perdu le contrôle.

ESSENCE Carburant obtenu par raffinage du pétrole brut utilisé essentiellement pour propulser les automobiles.

ÉTHANE Gaz inflammable, présent dans le pétrole et le gaz naturel, utilisé comme carburant et comme réfrigérant dans les réfrigérateurs et les systèmes de conditionnement d'air.

FERME ÉOLIENNE Groupe de turbines éoliennes.

FORAGE D'EXPLORATION Puits de prospection creusé dans une région non encore explorée du sous-sol à la recherche de nouveaux gisements.

FORAMINIFÈRE Minuscule organisme du plancton marin dont les restes sont l'un des principaux matériaux à partir desquels se forme le pétrole.

GAZ À EFFET DE SERRE Gaz présent dans l'atmosphère contribuant au phénomène de l'effet de serre, tel que la vapeur d'eau, le dioxyde de carbone et le méthane.

GAZ DE CHARBON Gaz composé en majorité de méthane et d'hydrogène obtenu par distillation du charbon.

GAZ NATUREL Gaz formé dans le sous-sol à partir des restes d'êtres vivants marins morts de très longue date, selon le même processus que le pétrole brut.

GÉOPHYSIQUE (ÉTUDE) Méthode de cartographie des structures du sous-sol par l'étude de propriétés comme le magnétisme, la gravité et les réflections d'ondes sismiques.

GOUDRON Forme de pétrole solide, noire et très visqueuse qui peut apparaître naturellement dans le pétrole brut, ou être produite artificiellement par traitement du pétrole ou du charbon.

GOUDRON DE HOUILLE Goudron obtenu par raffinage de la houille.

HYDROCARBURE Composé chimique formé d'atomes d'hydrogène et de carbone.

IMPERMÉABLE Qualifie un matériau ne se laissant pas traverser par les fluides (liquides et gaz).

KÉROGÈNE Composant organique rocheux formé par la dissociation des restes enfouis de végétaux et d'animaux. La chaleur et la pression souterraines peuvent « cuire » le kérogène et le transformer en pétrole.

KÉROSÈNES Fraction de carburants obtenus par distillation du pétrole brut, dont on tire notamment les carburants pour avions. Le pétrole lampant, jadis utilisé en éclairage, en fait également partie.

LIGNITE (CHARBON BRUN) Charbon ayant la plus faible teneur en carbone, formé à faible profondeur dans le sous-sol.

MÉTHANE Gaz inflammable utilisé comme carburant. C'est le principal ingrédient du gaz naturel et des gaz intestinaux résultant de la digestion chez les animaux. C'est également un gaz à effet de serre.

Pompe à balancier

Vue d'une raffinerie la nuit

NAPHTHÈNES Hydrocarbures lourds à molécules cycliques.

OCTANE Hydrocarbune du groupe des alcanes dont la molécule est composée d'une chaîne de huit groupes d'atomes de carbone et d'hydrogène.

OPEP Organisation des Pays Exportateurs de Pétrole, fondée en 1960, regroupant l'Algérie, l'Indonésie, l'Iran, l'Irak, le Koweit, la Libye, le Nigeria, le Qatar, l'Arabie Saoudite, les Emirats arabes unis et le Venezuela.

ORGANIQUE Qualifie ce qui est vivant ou dérivé de la matière vivante.

PERMÉABLE Qualifie un matériau se laissant traverser par les fluides (liquides et gaz).

PÉTROCHIMIQUE (PRODUIT) Matériau obtenu par raffinage du pétrole brut.

PÉTROLE BRUT Pétrole non traité tel qu'il sort de terre sous la forme d'un liquide plus ou moins foncé et visqueux.

PHOTOSYNTHÈSE Processus grâce auquel les végétaux fabriquent des glucides nourriciers à partir d'eau, d'éléments minéraux, de l'oxygène de l'air et de la lumière solaire.

PHYTOPLANCTON Minuscule organisme marin produisant sa propre nourriture grâce à la photosynthèse. Les restes de phytoplancton sont considérés comme l'un des principaux matériaux à partir desquels se forme le pétrole.

PIC DE HUBBERT (OU PIC PÉTROLIER) Nom donné au moment où la production mondiale de pétrole atteindra, ou a atteint, son maximum avant de commencer à décliner par suite de l'épuisement des réserves.

PIÈGE À PÉTROLE Structure géologique dans laquelle le pétrole brut est piégé et s'accumule sous une roche-couverture imperméable.

PILE À COMBUSTIBLE Type de batterie délivrant en permanence de l'électricité, alimentée avec un combustible tel que l'hydrogène.

PLASTIQUE Matériau pouvant être chauffé, fondu et moulé en toutes formes. La plupart des plastiques sont faits d'hydrocarbures extraits du pétrole.

POLYMÈRE Matériau dont la molécule est constituée par de très longues chaînes d'atomes. Les plastiques sont des polymères.

POMPE À BALANCIER Pompe d'extraction du pétrole brut munie d'un bras oscillant mu par un système de balancier.

POREUX Qualifie un matériau, tel qu'une roche, percé d'une multitude de pores et fissures minuscules laissant passer les fluides.

PROPANE Gaz inflammable extrait du gaz naturel utilisé comme carburant et en réfrigération.

PUITS Trou dans le sol obtenu par forage.

PUITS ÉRUPTIF Puissant jet de pétrole jaillissant d'un puits de forage lorsque la foreuse a atteint la roche-réservoir.

RACLEUR Dispositif glissant dans un oléoduc pour séparer les bains de pétrole ou, lorsqu'il est équipé de capteurs adéquats, pour inspecter l'état de la canalisation.

RAFFINERIE Installation industrielle dans laquelle le pétrole brut est traité (raffiné) pour être transformé en produits utilisables.

RÉCHAUFFEMENT GLOBAL Réchauffement progressif du climat de toute la Terre, dont la cause apparaît être l'augmentation des taux de gaz à effet de serre dans l'atmosphère, résultant de la combustion des carburants fossiles.

RÉSIDU Fraction épaisse et très visqueuse du pétrole restant à la fin de la distillation fractionnée.

ROCHE MÈRE Roche dans laquelle le pétrole se forme et à partir de laquelle il migre vers les roches-réservoirs.

ROCHE-COUVERTURE Couche de roche imperméable telle que l'argile qui arrête la migration du pétrole et le force à s'accumuler, formant un gisement.

ROCHE-RÉSERVOIR Roche poreuse dans les pores et les fissures desquelles le pétrole peut s'accumuler.

SABLES BITUMINEUX Dépots de sable et d'argile dans lesquels chaque grain est enveloppé d'une gangue de bitume.

SCHISTES BITUMINEUX Roches du groupe des schistes, riches en kérogène.

SÉDIMENTS Dépots vaseux, sableux ou graveleux laissés par les étendues d'eau ou le vent.

TORCHÈRE Flamme résultant du brûlage des gaz inutilisés sur une tête de puits de pétrole ou dans une raffinerie.

TOURBE Charbon imparfait formé par décomposition à l'air de matériaux organiques dans les milieux acides des tourbières. Elle contient assez de carbone pour être utilisée comme carburant lorsqu'elle est séchée.

TRAIN DE TIGES Ensemble de tiges de forage assemblées bout à bout pour atteindre de grandes profondeurs, portant, à l'extrémité, le trépan.

TRÉPAN Tête de forage placée à l'extrémité de la foreuse, composée de roues dentées en rotation qui mordent dans la roche.

TURBINE Système rotatif muni de pales qui sont mises en mouvement lorsqu'elles sont frappées par un fluide en déplacement.

TURBINE ÉOLIENNE Turbine utilisant le vent pour produire de l'électricité.

VISCOSITÉ Degré de résistance d'un liquide à l'écoulement. Un liquide visqueux est épais et collant.

VOLATILE Qualifie un liquide qui s'évapore facilement à basse température.

Ferme éolienne

INDEX

ICONOGRAPHIE ET REMERCIEMENTS

L'éditeur souhaite remercier : Hilary Bird pour l'index ; Dawn Bates pour la relecture d'épreuves ; Claire Bowers, David Ekholm-Jalbum, Clarie Ellerton, Sunita Gahir, Marie Greenwood, Joanne Little, Susan St Louis, Steve Setford et Bulent Yusef pour l'aide à la recherche de dessins d'illustration ; David Ball, Kathy Fahey, Neville Graham, Rose Horridge, Joanne Little et Sue Nicholson pour l'affiche.

Les éditeurs adressent également leurs remerciements aux personnes et/ou organismes cités ci-dessous pour leur aimable autorisation à reproduire les photographies :

(a = au-dessus ; b = bas/en-dessous ; c = centre ; x = extrême ; g = gauche ; d = droite ; t-top) :

The Advertising Archives : 15hd, 15bc ; **akg-images** : 12cg ; **Alamy Images** : AGStockUSA, Inc. 39hc ; Bryan & Cherry Alexander Photography 20-21b, 35b ; allOver Photography 53bd ; Roger Bamber 37cda ; G.P. Bowater 34hg, 39hd ; Nick Cobbing 50hg ; Richard Cooke 52g ; John Crall / Transtock Inc. 15g ; CuboImages srl 21cd ; Patrick Eden 60-61c ; Paul Felix Photography 23bd ; The Flight Collection 49hd ; David R. Frazier Photolibrary, Inc. 54hg ; Paul Glendell 56xhd ; Robert Harding Picture Library Ltd 51h ; imagebroker / Stefan Obermeier 45bd ; ImageState 50ca ; Andre Jenny 52bd ; kolvenbach 41cg ; Lebrecht Music and Arts Photo Library 11bg ; Kari Marttila 45xcg ; Gunter Marx 70bd ; North Wind Picture Archive 11bd ; Phototake Inc. 19cda ; Popperfoto 9c ; Patrick Steel 48bc ; Stock Connection Blue 36-37c ; Angel Svo 21hc ; Visual Arts Library (Londres) 8b ; mark wagner aviation-images 41b ; Worldspec / NASA 7hd ; **Avec l'aimable autorisation de Apple. Apple et le Apple logo sont des marques déposées de Apple Computer Inc., enregistrées aux Etats-Unis et dans les autres pays** : 6c, 69bd (portable). **The Art Archive** : 8hd ; Bibliothèque des Arts Décoratifs Paris / Dagli Orti 61cda ; **Biodys Engineering** : 55hd ; **Avec l'aimable autorisation de BMW** : 55b ; **Photos fournies par BP p.l.c.** : 47cdb, 47bd, 64-65 (fond), 66-67 (fond), 68hg, 68-69 (fond), 69bd (image écran), 70-71 (fond) ; **The Bridgeman Art Library** : Collection privée, Archives Charmet 9hg ; **Corbis** : 27hd ; Bettmann 12hc, 12hd, 14cg, 48c, 67bg ; Jamil Bittar / Reuters 51bg ; Lloyd Cluff 35hd ; Corbis Sygma 49cda ; Eye Ubiquitous / Mike Southern 59hd ; Natalie Fobes 68c ; Lowell Georgia 31hd ; Martin Harvey / Gallo Images 37bc ; Hulton-Deutch Collection 21hg ; Hulton-Deutsch Collection 14bg, 15cd ; Langevin Jacques / Corbis Sygma 35cda ; Ed Kashi 47bg ; Karen Kasmauski 37bcd ; Matthias Kulka 65h ; Lake County Museum 40hg ; Jacques Langevin / Corbis Sygma 45c ; Lester Lefkowitz 6-7bc ; Stephanie Maze 33cg ; Francesc Muntada 62-63b ; Kazuyoshi Nomachi 39b ; Stefanie Pilick / dpa 23h ; Jose Fuste Raga 46b ; Roger Ressmeyer 38hg, 40cg, 63hg ; Reuters 32hc ; Otto Rogge 58b ; Bob Rowan / Progressive Image 29c ; Grafton Marshall Smith 58cd ; Lara Solt / Dallas Morning News 26hg ; Paul A. Souders 61hd ; Stocktrek 63hd ; Ted Streshinsky 35hg ; Derek Trask 6bg ; Peter Turnley 48-49c ; Underwood & Underwood 13bd ; Tim Wright 29h ; **DaimlerChrysler AG** : 55hhc ; **DK Images** : The British Museum 9cg, 66bg ; Simon Clay / Avec l'aimable autorisation du National Motor Museum, Beaulieu 14hg ; Tim Draper / Rough Guides 19hg ; Neil Fletcher / Oxford University Museum of Natural History 23bg, 23bg ; Peter Hayman / The British Museum 9hd ; Chas Howson / The British Museum 9cdb ; Jon Hughes / Bedrock Studios 22hc ; Judith Miller / Ancient Art 2cda, 11hg ; Colin Keates / Avec l'aimable autorisation de The Natural History Museum, Londres 3hg, 16cg, 25hd (grès), 27hg, 33bg, 70hg ; Dave King / Avec l'aimable autorisation du National Motor Museum, Beaulieu 14c ; Dave King / Avec l'aimable autorisation de The Science Museum, Londres 10cg, 11hd ; Judith Miller / Cooper Owen 9xcg ; Judith Miller / Luna 44c ; Judith Miller / Toy Road Antiques 23cd ; Judith Miller / Wallis & Wallis 44hg ; NASA 50bg ; James Stevenson & Tina Chambers / National Maritime Museum, Londres 4hc, 21cg ; Clive Streeter / Avec l'aimable autorisation de The Science Museum, Londres 4cg, 10-11c, 56hd ; Linda Whitwam / Avec l'aimable autorisation de Yufuin Folk Art Museum, Japon 60cg ; **Avec l'aimable autorisation de EFDA-JET** : 63cd ; **Empics Ltd** : EPA 45hg ; **Getty Images** : AFP 61cdb ; Alexander Drozdov / AFP 20cg ; Jerry Grayson / Helifilms Australia PTY Ltd. 68bd ; Paul S. Howell / Liaison 31hg ; Hulton Archive 27cdb, 48hg ; Image Bank / Cousteau Society 33bd ; Alex Livesey 47hc ; Lonely Planet Images / Jim Wark 41hg ; Jamie McDonald 47hd ; Carl Mydans / Time Life Pictures 48cga ; National Geographic / Justin Guariglia 32cg ; National Geographic / Sarah Leen 16hg ; Mustafa Ozer / AFP 34bd ; Photographer's Choice / David Seed Photography 57hd ; Photographer's Choice / Joe McBride 7hd ; Photographer's Choice / Rich LaSalle 71hg ; Stone / David Frazier 56-57c ; Stone / David Hiser 23cg ; Stone / Keith Wood 37hc ; Stone / Tom Bean 50cdb ; Stone / Tim Macpherson 6hd ; Sergei Supinsky / AFP 49c ; Texas Energy Museum / Newsmakers 13hd ; Three Lions 13hg ; Yoshikazu Tsuno / AFP 55cg ; Greg Wood / AFP 45hd ; **Image satellite Landsat 7 avec l'aimable autorisation de NASA Landsat Project Science Office et USGS National Center for Earth Resources Observation Science** : 25hg ; **Library Of Congress, Washington, D.C.** : 13c ; F.J. Frost, Port Arthur, Texas 46hg ; Warren K. Leffler 48bg ; **Magenn Power Inc. (www.magenn.com)** : Chris Radisch 57bd ; **Mary Evans Picture Library** : 10hd, 20hg, 46hg ; **Micro-g Lacoste** : 29cd ; NASA : 59bg ; Dryden Flight Research Center Photo Collection 59c ; JPL 34bg ; Jeff Schmaltz, MODIS Rapid Response Team, GSFC 18cd ; Susan R. Trammell (UNC Charlotte) et al., ESAIC, HST, ESA 19bc ; **National Geographic Image Collection** : 42-43b ; **The Natural History Museum, Londres** : 25bc, 25hd ; Michael Long 27cga ; **Oil Museum of Canada, Oil Springs, Ontario** : 12bg ; **Rex Features** : Norm Betts 26cg, 26-27b ; SIPA Press 61bc ; **ROSEN Swiss AG** : 34c ; **Science & Society Picture Library** : 45cg ; **Science Photo Library** : Eye of Science 43hc ; Ken M. Johns 25c ; Laguna Design 16-17c ; Lawrence Livermore Laboratory 63ca ; Tony McConnell 53cg ; Carlos Munoz-Yague / Eurelios 51bd ; Alfred Pasieka 53cd ; Paul Rapson 6hg, 17bd, 39hg ; Chris Sattlberger 28cg ; **Still Pictures** : Joerg Boethling 54bg ; Mark Edwards 12-13bc ; Russell Gordon 30cd ; Walter H. Hodge 24-25hd ; Knut Mueller 66hd ; Darlyne A. Murawski 18b ; S.Compoint / UNEP 31b ; **TopFoto.co.uk** : HIP / The British Library 9bd ; **Dr Richard Tyson, School of Geoscience and Civil Engineering, Newcastle University** : 19cgb ; © TOTAL UK Limited 2005 : 64cd ; **Vattenfall Group** : 56cd ; **Auke Visser, Hollande** : 36cb ; **Wikipedia, The Free Encyclopedia** : 2cg, 44hd ; **Woodside Energy Ltd. (www.woodside.com.au)** : 5hd, 28cd, 28bg, 29b.

Nous nous sommes efforcés de retrouver les propriétaires des copyrights. Nous nous excusons pour tout oubli involontaire. Nous effectuerons toute modification éventuelle dans nos prochaines éditions.

Toute autre illustration © Dorling Kindersley

Couverture Dorling Kindersley sauf 1er plat : Getty Image/ Photonica/Veer Rogovin ; 4e plat : Bill Varie Getty Images/ Photodisc Green/Don Farrall hg, John Crall / Transtock Inc. cg, Corbis/Matthias Kulka hc ; dos : Getty Image/Photonica/Veer Rogovin et Corbis/Matthias Kulka.

Pour l'édition française
Traduction, édition, PAO Bruno Porlier
Corrections Dominique Mojal-Maurel
Conseiller Franklin Boitier, docteur en géophysique appliquée
Maquette de couverture Marguerite Courtieu
Suivi éditorial Eric Pierrat
Photogravure de couverture Scan+
Site Internet associé Bénédicte Nambotin, Ariane Michaloux et Eric Duport